地震反演方法
——实用型研究方法

[印] S. P. Maurya　　[印] N. P. Singh　　[印] K. H. Singh　　著

常德双　陈志刚　孙　星　马　辉　韩宇春　等译

石油工业出版社

内 容 提 要

本书从地震反演的基本原理出发，详细介绍了在业界广泛应用的各种地震反演方法的起源历史、基本原理和应用领域，内容涵括了学界与业界最广泛研究与应用的地震反演方法，如稀疏脉冲反演、弹性波阻抗反演等，并将这些具体的反演方法归纳为叠后地震反演、叠前地震反演、振幅随偏移距反演、地质统计学反演，形成统一的地震反演体系。

本书适合勘探开发工作者及大专院校相关专业师生参考使用。

图书在版编目（CIP）数据

地震反演方法——实用型研究方法 /（印）S·P·莫瑞亚（S. P. Maurya），（印）N·P·辛格（N. P. Singh），（印）K·H·辛格（K. H. Singh）著；常德双等译. — 北京：石油工业出版社，2021.11

书名原文：Seismic Inversion Methods：A Practical Approach

ISBN 978-7-5183-5241-8

Ⅰ. ①地… Ⅱ. ①S… ②N… ③K… ④常… Ⅲ. ①地震反演 Ⅳ. ①P315. 01

中国版本图书馆 CIP 数据核字（2022）第 035254 号

First published in English under the title

Seismic Inversion Methods：A Practical Approach

by S. P. Maurya, N. P. Singh and K. H. Singh

Copyright © S. P. Maurya, N. P. Singh and K. H. Singh, 2020

This edition has been translated and published under licence from Springer Nature Switzerland AG.

本书经 Springer Nature Switzerland AG 授权石油工业出版社有限公司翻译出版。版权所有，侵权必究。

北京市版权局著作权合同登记号：01-2021-7010

出版发行：石油工业出版社

（北京安定门外安华里 2 区 1 号　100011）

网　址：www. petropub. com. cn

编辑部：（010）64523736

图书营销中心：（010）64523633

经　销：全国新华书店

印　刷：北京中石油彩色印刷有限责任公司

2021 年 11 月第 1 版　2021 年 11 月第 1 次印刷

787×1092 毫米　开本：1/16　印张：12.75

字数：300 千字

定价：120.00 元

《地震反演方法——实用型研究方法》
译者名单

常德双　陈志刚　孙　星　马　辉　韩宇春

冯建国　郭建明　于京波　郭继茹　陈　婕

宋德才　赵　倩　赵小庆　毕利桃　许　凤

序

　　地球物理勘探在石油天然气勘探开发中发挥了重要的支撑作用，反射地震勘探技术是利用地下介质的物性差异，通过观测和分析传播介质对人工激发地震波的响应，推断地下岩层形态和性质的地球物理方法。它是寻找石油、天然气资源和固体矿藏的重要手段，此外在工程地质调查、区域地质和地壳研究等方面也有非常广泛的应用。

　　随着国内外油气勘探开发程度的不断深入，对高精度成像、精确的地震反演和储层描述等技术提出了更高的要求。为了能使地震剖面或地震信息与地质、钻井资料直接连接对比，就需要把常规反映界面特性的地震资料转换为可与地质或钻井直接对比的形式。实现此过程的技术即为地震反演技术。地震反演，可提高地震资料的分辨率，可最大化地获取地层岩性、物性和含油气性参数，是从观测记录中定量提取地下介质属性的有效途径。如今，地震反演已成为地球物理研究领域的热点，并受到国内外油气工业界和科研院所的持续关注。当前和今后相当长时期内石油天然气仍是主导能源，石油勘探工作者有必要深入学习地震反演方法，这将有助于引导地震新技术应用于生产实践。但是，目前国内还没有系统介绍地震反演方法之类的图书。

　　令我感到欣慰的是，为满足油气勘探生产与科研需求，中国石油集团东方地球物理勘探有限责任公司研究院组织有关专家用一年多时间翻译了国际著名出版机构 Springer 出版的《地震反演方法：实用型研究方法》一书。这是国内引进的第一本关于地震反演方法的著作，我认为这是一件有利于物探专业，有利于石油工业，也有利于广大物探技术人员的好事情。

　　本书从地震反演的基本原理出发，详细介绍了在业界广泛应用的各种地震反演方法的起源历史、基本原理和应用领域，内容涵括了学界与业界最广泛研究与应用的地震反演方法，如稀疏脉冲反演、弹性波阻抗反演等，并将这些具体的反演方法归纳为叠后地震反演、叠前地震反演、振幅随偏移距反演、地质统计学反演，形成统一的地震反演体系。希望该书的出版，能够对国内地震反演的研究与应用，起到一定的推动作用；希望从事物探事业的技术人员以及勘探领域的地质和油藏研究的技术人员能够仔细了解和阅读该书，真正把相关成熟经验借鉴与消化，并运用到日常工作中；更希望该书能够为广大的油气勘探开发研究人员提供相应的借鉴和启发，促进多学科领域的学术交流，推动我国地球物理事业的进步，更好地服务于油气的勘探开发。

中国科学院院士：

前　言

随着我国油气勘探开发工作的不断深入，难度也越来越大。要保持勘探开发工作的可持续发展，地球物理勘探技术需要适应新形势的发展，发挥其应用的作用。如何有效提取更为准确、精细的地震资料是物探技术所面临的机遇和挑战。

地震反演是以地震资料为媒介，利用有关算法，得到有利于油气勘探开发的资料，是油气勘探开发中储层预测的重要手段之一。随着油气藏勘探开发程度的提高，对地震反演技术的需求也越来越高。近年来，地震反演技术比以往有了更明显的进步，不同反演方法也纷纷出现，应用的范围越加广泛，如何深入了解不同反演方法的基础理论及适用性，有效解决不同地质问题，提高反演的有效性，是在勘探开发过程中面临的首要问题。为提高我国地震反演技术应用水平，就需要有一本通俗易懂而简明实用的著作来帮助从事地震资料处理和解释的技术人员进一步理解和掌握地震反演方法的需求更加迫切。

为此，中国石油集团东方地球物理勘探有限责任公司研究院组织相关专家优选了本书，并进行翻译。本书从地震反演的基本原理出发，详细介绍了在业界广泛应用的各种地震反演方法的起源历史、基本原理、应用领域和实例。内容涵盖了学界最广泛研究和与应用的地震反演方法，并将这些具体的反演方法归纳为叠后地震反演、叠前地震反演、振幅随偏移距反演、地质统计学反演等，形成统一的地震反演体系。

本书由常德双、陈志刚、孙星、马辉、韩宇春、冯建国、郭建明、于京波、郭继茹、陈婕、宋德才、赵倩、赵小庆、毕利桃、许凤等翻译，常德双对全书进行了统稿。中国科学院贾承造院士对本书的翻译工作给予了大力的支持和鼓励，并为本书作序。在此期间，相关专家同行对书稿的翻译工作提供了热情帮助，在此表示衷心的感谢。

　　本书从地震反演的基本原理出发，详细介绍各种反演方法的适用性及代表性应用实例，具有很高参考价值。我们相信，通过本书的翻译出版，将对从事物探事业的技术人员和广大在校师生提供帮助。

　　在翻译过程中，译者查阅大量资料，力求符合中文阅读要求，但限于水平，难免存在翻译不妥或问题，敬请读者批评指正！

目　　录

第 1 章　地震反演基本原理

地球物理学中的地震反演方法是一种地震反射资料与测井资料相结合，提取多种岩石物理参数，将地震反射数据转化为地下岩石性质的定量方法。在石油勘探中，地球物理学家定期进行地震勘探，收集地下地质信息。此种地震勘探以振幅和时间的形式记录穿过地层和流体的声波信息。记录的地震数据虽然可以解释，但并不能提供足够的地层信息，在某些情况下可能不够准确。基于地震反演方法的有效性和质量，现在多数油气公司都用其来提高数据的分辨率和可靠性，进而改进对岩石性质的预测，包括孔隙度和产层净厚度。本章主要讨论正演模拟、褶积模型、地震反演及其类型的基础知识。

1.1　引言

地震反演模拟程序是一种有助于从地震和测井数据中提取岩石和流体物理特征的基本模型的方法。在缺少井资料的情况下，也可以仅从地震资料的反演中推断其性质（Krebs 等，2009）。在石油和天然气行业中，地震反演技术作为一种利用地震反射数据定位地下含烃地层的工具而得到广泛应用（Morozov 和 Ma，2009；Lindseth，1979）。这种方法极大地提高了地震数据的分辨率，从而有助于地震资料解释。

地震反演的成分是获得地层的阻抗（Z）、纵波速度（V_p）和横波速度（V_s）及密度（ρ）等岩石物理参数。对岩石中的流体和饱和度敏感的拉梅参数（Lame parameters）（Clochard 等，2009）也可由阻抗反演模型推导出来。岩石物性参数（如孔隙度、砂页岩比值、天然气饱和度等）也可通过反演体进一步估算（Goodway，2001）。这些岩石物性参数增加了地震资料解释的精度，因此地震资料解释对于任何勘探项目来说都是一个非常重要的过程。

要理解地震反演方法，首先需要理解正演模拟。地震正演模拟利用了褶积原理，即子波与地层反射系数的褶积可以产生地震道。声波向地下传播时与地层相互作用，然后反射回地面，由检波器记录下来。这些被记录下来的信号称为观测值（地震信号），整个过程称为正演模拟（Maurya 等，2018）。地震反演方法中，观测值已知，其目的在于找到观测值所代表的地下地质模型。上述两个过程如图 1.1 所示。

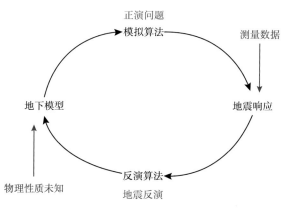

图 1.1　正演模拟和反演模拟的原理示意图

1.2　地震正演模拟

多种地球物理方法可用于勘探地下油气，其中地震成像是最重要的技术。地震成像指地下地质模型的视觉表现，是地球物理学家的终极目标之一。地震正演模拟可以利用地球科学和计算机技术中的数学算法来实现。正演模拟程序采用弹性阻抗方法，根据地下地层速度和密度产生合成地震记录（Connolly，1999）。每个界面的弹性阻抗作为偏移距函数被计算出来。将得到的阻抗序列转化为反射系数，并与震源子波进行褶积，得到叠加的地震道集。阻抗由速度和密度的乘积计算得出：

$$Z = \upsilon\rho \tag{1.1}$$

利用阻抗，即可计算零偏移距反射系数：

$$R_j = \frac{Z_{j+1} - Z_j}{Z_{j+1} + Z_j} \tag{1.2}$$

式中，Z_j 为第 j 层的地震阻抗；R_j 为第 j 层与第 $j+1$ 层界面间的地震反射系数。

随角度变化的入射波反射系数采用以下公式估算（Bachrach 等，2014）：

$$R(\theta) = \frac{1}{2}(1 - \tan^2\theta)\frac{\Delta I_P}{I_P} - 4\frac{v_S^2}{v_P^2}\sin^2\theta\frac{\Delta I_S}{I_S} - \left(\frac{1}{2}\tan^2\theta - 2\frac{V_S^2}{V_P^2}\sin^2\theta\right)\frac{\Delta\rho}{\rho} \tag{1.3}$$

根据反射系数，采用下式计算合成地震记录：

$$S(t) = W(t) * R(t) + N(t) \tag{1.4}$$

式中，$S(t)$ 为合成地震记录；$W(t)$ 为震源子波；$R(t)$ 为地层反射系数；$N(t)$ 为附加噪声，为简单起见，一般假定为 0。

地震正演模拟方法提供了对地震走时、弹性阻抗、到达时间、地层反射系数、地震波产生的地震振幅及其他方面的认识。

图 1.2 演示了正演模拟在断层和背斜地质模型中的应用。图 1.2a 显示了地下的地质模型，图 1.2b 为使用正演模拟技术生成的对应地震剖面。从图中可以看出，地震道集（图 1.2b）显示了与地质模型中基本相同的地质构造（图 1.2a）。现在目标是从观测值也就是地震剖面中找到这种地质模型，而采用地震反演方法可以得到这一模型。

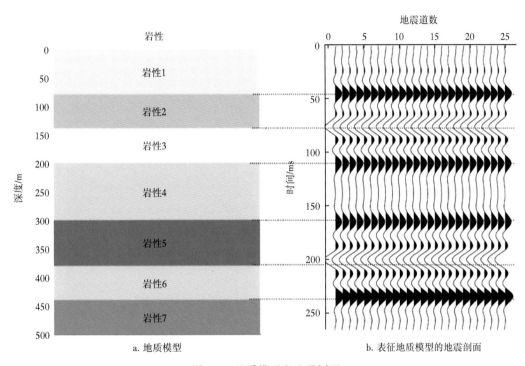

图 1.2　地质模型和地震剖面

1.3　地震反演

地震反演方法是利用地表的地震测量数据作为输入值，来映射地下的岩石和流体性质。事实上，所有反演方法的目的都是通过在地表上进行的测量来估计地下的地球物理性质。在地震反演过程中，三个主要问题需要仔细解决，以获得地下高分辨率图像的宽带频谱。第一个问题是由于地震数据频带限制的特性，即地震数据不具有低频和高频分量。一方面，地震资料通常具有 10～80Hz 的频率，因此不包括小于 10Hz 和大于 80Hz 的频率，但是这些频率对解释却非常重要。另一方面，测井数据既有低频又有高频，可以与地震数据结合以弥补这一缺陷。第二个问题是使用地震子波。由褶积理论可知，地震子波用于生成合成数据，因此精确的子波估计是反演结果成功的关键（Russell，1988；Maurya 和 Singh，2018）。第三个也是最重要的问题是地震反演具有非唯一性。同一问题可能具有多个解。为了减少解的数量，需要其他限制因素来约束反演结果。此类约束条件可优先于地质信息、测井资料等。

图 1.3a 为加拿大布莱克福特（Blackfoot）油田的地震数据，图 1.3b 为地震反演结果。从图 1.3 可以看出，图像质量有了很明显的提高。在地震剖面上只有振幅信息，因此不能做出太多解释。然而，从反演剖面上可以对砂岩层、页岩层进行分类，从而确定产层。

为了理解地震反演技术，首先必须理解产生这些数据所涉及的物理过程。地震数据使用了正演模拟技术生成。这一技术通过褶积模型实现。因此，首先应该在时间域和频率域上查看地震道的基本褶积模型。该模型由三个组分构成：地层反射系数、地震子波、噪声。只有在理解了地震数据的基本概念和可能出现的问题之后，才能进入了解目前用于地震反演的方法阶段。

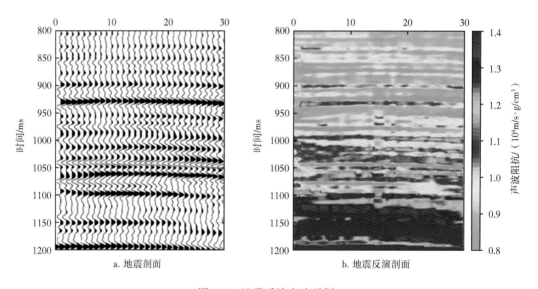

a. 地震剖面   b. 地震反演剖面

图 1.3　地震反演方法示例

1.4　褶积模型

褶积模型是地震道最常见的一维模型。褶积模型表明，地震子波与地层反射系数褶积并加入噪声，即可产生地震道。它可以用数学方法表示：

$$S(t) = R(t) * W(t) + N(t) \tag{1.5}$$

式中，$*$ 为褶积过程；$S(t)$ 为地层地震道；$R(t)$ 为地层反射系数；$W(t)$ 为子波；$N(t)$ 为噪声组分。

在理想情况下，可以认为噪声组分为 0，因此式（1.5）可以简单地写成：

$$S(t) = R(t) * W(t) \tag{1.6}$$

　　式（1.5）和式（1.6）表示时域的褶积模型。式（1.6）的另一种形式是频率域，可以进行傅里叶变换得到：

$$S(f) = W(f) \times R(f) \qquad (1.7)$$

式中，$S(f)$ 代表频率域的地震道；$W(f)$ 为频率域子波；$R(f)$ 为频率域地层反射系数。

　　如式（1.7）所示，时间域的褶积在频率域变成了乘法。然而，频率域的处理工作非常复杂，但是正常来说要考虑每个分量的振幅频谱和相位频谱（Russell，1988）。因此式（1.7）的振幅谱和相位谱可以简化为：

$$|S(f)| = |W(f)| \times |R(f)| \qquad (1.8)$$

$$\theta_S(f) = \theta_W(f) + \theta_R(f) \qquad (1.9)$$

式中，$|S(f)|$ 为振幅频谱；$\theta_S(f)$，$\theta_W(f)$，$\theta_R(f)$ 分别表示为地震道、子波、地层反射系数的相位谱。

　　换句话说，褶积过程包括将子波的振幅频谱与反射系数相乘，然后将它们的相位谱相加。如果能将数据中噪声组分抑制，然后对子波进行反褶积，就能得到地层反射系数。该反射系数可以转换成声阻抗（AI），这是任何地震反演方法的最终目标。图1.4图形化地显示了褶积过程。图1.4a是随机生成的反射系数，图1.4b和图1.4c分别显示了最小相位子波和地震道（震源子波与反射系数褶积生成）。

　　现在，在对基本褶积模型（被大多数地震反演方法所使用）有了很好的理解。下面将研究各种地震反演方法及其分类。

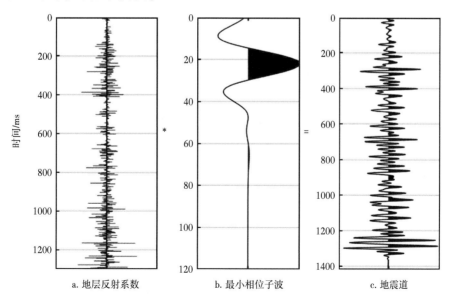

a. 地层反射系数　　　　b. 最小相位子波　　　　c. 地震道

图 1.4　使用褶积模型获取地震数据的过程

1.5　地震反演方法分类

地震反演技术可分为两大类：叠后地震反演和叠前地震反演。叠后地震反演是最常用的方法，它将子波效应从地震数据中去除，然后生成地下的高分辨率图像（Chen 和 Sidney，1997）。叠前地震反演是利用测井、地震和地质资料建立模型（Downton，2005），也可生成地下高分辨率图像，从中可以计算出储层性质。在开发阶段的决策过程中，对储层性质的可靠评估至关重要（Pendrel，2006）。这两种反演方法被进一步划分为多个亚类。

1.5.1　叠后地震反演方法

叠后地震反演是利用地震资料，并结合测井资料和基本地层解释得到声波阻抗体。该阻抗体可用于评估远离井位的储层性质（Russell 和 Hampson，1991；Morozov 和 Ma，2009）。叠后地震反演具有以下优点。

（1）由于声波阻抗为层属性，因此阻抗资料的地层解释比地震资料更容易。

（2）子波效应、旁瓣和调谐的降低提高了地层的分辨率。

（3）可以直接计算出声波阻抗，并与测井数据进行比较，从而与储层性质相联系。

（4）孔隙度可能与声波阻抗相关。利用地质统计学方法可以将阻抗体转化为储层内的孔隙度体。

（5）利用声波阻抗可以定位单个储层区域。

（6）花费的时间比叠前地震反演要少得多。

（7）不提供横波信息，无法区别流体效应。

另外，叠后地震反演可被分为两部分。即第一部分为确定性反演，包括基于模型的反演（MBI）方法；第二部分为随机反演，其中包括有限带宽反演法（BLI）、有色反演法（CI），以及稀疏脉冲反演法。这些方法都利用叠后地震资料，反演得到阻抗剖面。所有这些方法具有不同的操作原理，在应用于数据之前，需要适当的理解。

下面将从最常见的叠后地震反演方法开始研究，即有限带宽反演法。有限带宽反演法由 Lindseth（1979）开发。它假设地震振幅与地层反射系数成正比，并将输入的地震道转换为声阻抗道，这是反演的最基本类型。有限带宽反演使用的等式如下：

$$Z_{j+1} = Z_1 \exp\left(\gamma \sum_{k=1}^{j} S_k\right) \tag{1.10}$$

$$S_k = 2rk/\gamma$$

式中，Z 是声波阻抗；γ 是地层反射系数。

式（1.10）用来对地震道进行积分，然后对结果求幂，从而得到阻抗道。输入的地震数据通常采用子波处理。然而，由于子波并未完全从数据中移除，并不能完全满足子波的基本假设。因此，调谐和子波旁瓣的影响仍然存在。此外，结果产生于地震带宽范围，对后续层位来说声阻抗计算误差产生了累积（Maurya 和 Singh，2018；Maurya 等，2019）。

在此基础上，采用叠后地震反演方法。该方法利用叠后地震资料计算声波阻抗。该方法基于褶积理论，即子波与反射函数的褶积可以产生地震道（Leite，2010；Maurya 和 Singh，2015a，b）。该方法根据声阻抗和时间将地下模拟为层或块。通过对该区井的声波阻抗测井曲线进行插值，建立初始阻抗模型。每一层的阻抗可能在横向和纵向上变化。通过设置阻抗限定值，使优化后的模型在给定的范围内保持横向上的平稳。

另一种最常用的叠后地震反演技术是有色反演法。在这种方法中，反演表现为一个褶积过程，其中一个算子（O）在频域中被用来将地震道（S）转换为阻抗（Z）：$Z=O*S$（Lancaster 和 Whitcombe，2000）。该算子将地震振幅谱映射为地层阻抗谱。利用相同区域井的声阻抗测井频谱，推导出该算子的频谱。该算子的相位为 90°，因此很容易将其与反射系数进行积分，从而得到阻抗（Ansari，2014）。

稀疏脉冲反演法是另一种用于估计地下物性的叠后反演方法。与其他技术不同的是，这种方法给出的反射系数估计值近似于地震资料中的最小（稀疏）脉冲数。在这种情况下，采用稀疏反射系数判据来解决非唯一性问题。采用最大似然反褶积和 l_1 范数（线性规划）对数实现这一点（Banihasan 等，2006）。

1.5.2　叠前地震反演

通过叠前地震反演可获取对地下地层弹性特性的估算，如对流体饱和度敏感的地层横波速度（Moncayo 等，2012）。

叠前地震反演综合了井资料和地震资料中的层位信息，从而把地震数据（角度/偏移距道集）转化成 P 波阻抗、S 波阻抗和密度体。因此，用于预测远离井点的储层性质的 P 波阻抗和 V_p/V_s 的可靠性，取决于目的层位深度和采集条件（Carrazzone 等，1996）。叠前地震反演具有以下几个优点：

（1）P 波阻抗、S 波阻抗和密度反映了地层特性，而地震数据仅描述界面特性。

（2）地层分辨率的提高归因于子波效应、调谐和旁瓣干扰降低。

（3）声阻抗可直接与测井数据进行比较，而测井数据又与储层性质有关。

（4）与其他反演技术（如叠后地震反演）相比，这些数据为区分岩性和流体响应提供了额外的信息。

叠前地震反演中最常用的方法有同时反演、弹性阻抗反演及振幅随偏移距变化（Amplitude-Variation-with-Offset，AVO）反演。

同时反演是叠前地震反演的第一种类型。叠前地震道集包含额外的信息，即在地下传播缓慢并且包含更多关于地壳岩石性质信息的横波速度。这些信息可通过多种地震反演方法从叠前道集中得到。该方法同时对几个岩石属性参数进行反演。Aki 和 Richards（1980）

公式给出了叠前域不同偏移距的近似反射系数, 可以表示为:

$$R(\theta) = a \frac{\Delta V_{\mathrm{P}}}{V_{\mathrm{P}}} + b \frac{\Delta \rho}{\rho} + c \frac{\Delta V_{\mathrm{S}}}{V_{\mathrm{S}}} \qquad (1.11)$$

其中:

$$a = \frac{1}{2\cos^2\theta}, \quad b = 0.5 - 2\left(\frac{V_{\mathrm{S}}}{V_{\mathrm{P}}}\right)^2 \sin^2\theta, \quad c = -4\left(\frac{V_{\mathrm{S}}}{V_{\mathrm{P}}}\right)^2 \sin^2\theta,$$

$$\rho = \frac{\rho_1 + \rho_2}{2}, \quad \Delta\rho = \rho_2 - \rho_1, \quad V_{\mathrm{P}} = \frac{V_{\mathrm{P1}} + V_{\mathrm{P2}}}{2},$$

$$\Delta V_{\mathrm{P}} = V_{\mathrm{P2}} - V_{\mathrm{P1}}, \quad V_{\mathrm{S}} = \frac{V_{\mathrm{S1}} + V_{\mathrm{S1}}}{2},$$

$$\Delta V_{\mathrm{S}} = V_{\mathrm{S2}} - V_{\mathrm{S1}}, \quad \theta = \frac{\theta_1 + \theta_2}{2}$$

利用式 (1.11) 计算地层反射系数。然后将反射系数与子波进行褶积, 得到合成地震道集。将合成地震道集与该地区的原始地震道集进行比较, 计算两者之间的拟合差。随后对模型进行调整, 进行再次比较以减小拟合差, 并选择最小拟合差模型作为最终解决方案。

另一种常用的反演方法是弹性阻抗反演。Connolly (1999) 引入了弹性阻抗的概念并定义了 R 函数。该函数取决于入射角, 与弹性阻抗的相对变化有关:

$$R(\theta) \approx \frac{1}{2}\frac{\Delta \mathrm{EI}}{\mathrm{EI}} \approx \frac{1}{2}\Delta\ln(\mathrm{EI}) \qquad (1.12)$$

R 函数现在被称为弹性阻抗, 类似于声波阻抗的概念。取决于角度的纵波反射系数, 也可采用著名的 Zoeppritz 方程 (Aki-Richards) 简化描述来进行估算:

$$R(\theta) = A + B\sin^2\theta + C\tan^2\theta\sin^2\theta \qquad (1.13)$$

其中: $A = \frac{1}{2}\left(\frac{\Delta V_{\mathrm{P}}}{V_{\mathrm{P}}} + \frac{\Delta \rho}{\rho}\right)$①, $B = \frac{1}{2}\frac{\Delta V_{\mathrm{P}}}{V_{\mathrm{P}}} - 4\left(\frac{V_{\mathrm{S}}}{V_{\mathrm{P}}}\right)^2\frac{\Delta V_{\mathrm{S}}}{V_{\mathrm{S}}} - 2\left(\frac{V_{\mathrm{S}}}{V_{\mathrm{P}}}\right)^2\frac{\Delta \rho}{\rho}$, $C = \frac{1}{2}\frac{\Delta V_{\mathrm{P}}}{V_{\mathrm{P}}}$

结合这两个表达式, 使 $k = (V_{\mathrm{S}}/V_{\mathrm{P}})^2$ 为常数, 得到弹性阻抗等于:

$$\mathrm{EI} = V_{\mathrm{P}}^{1+\tan^2\theta} V_{\mathrm{S}}^{8k\sin^2\theta} \rho^{1-8k\sin^2\theta} \qquad (1.14)$$

另一类叠前反演技术, 即 AVO 反演, 在过去 20 年的油气勘探中已经得到广泛应用。传统的 AVO 分析方法是将纵波反射的振幅值进行入射角正弦函数平方的拟合, 计算 AVO 的截距、梯度和高阶 AVO。除此之外, 该方法主要集中于 Bortfeld (1961) 和 Shuey (1985) 所提出的基于截距—梯度特征估算纵波反射系数模型。AVO 截距和梯度也可以在

---

① 译者注: 原文中 ΔV_{P} 为 ΔP。

纵横波速度比（PS）一定的假设条件下，获得额外的 AVO 特性，如伪横波信息和相对泊松比。在混合反演系统中，还将 AVO 截距、伪横波信息与叠前波形反转（PSWI）结合使用。混合反演是叠前地震反演和叠后地震反演的混合。这种混合使得在缺乏良好信息的情况下，大量的数据被有效地反演。

图 1.5 采用图形的方式讨论了地震反演方法的分类。虽然最近的一些发展增加了更多的分类，但上述讨论的反演方法是常规技术，它们仍然被用于从地震和测井数据中估计地层性质。这些反演剖面加强了对地震资料的解释，从而有助于描述储层特征。

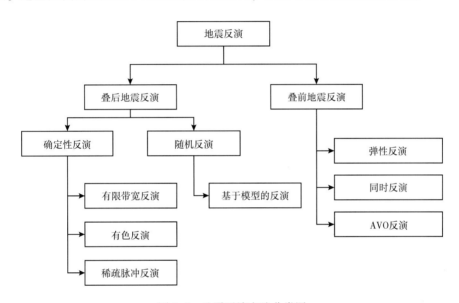

图 1.5　地震反演方法分类图

1.6　局部优化方法

局部优化方法是解决优化问题的一种探索技术。局部优化指可以制定一个针对问题的解决方案，这一方案在众多备选方案中可最大化一个判定标准。一个典型的局部优化方案的流程如图 1.6 所示。大多数局部优化系统是迭代算法，主要目标是确保在每次迭代时目标函数减少。这些算法总是尝试下移，因此被称为贪婪算法（Xu 等，2012）。很明显，在起始点附近的局部算法是在寻找一个局部最小值。初始解的选择至关重要，选择不当会导致算法受困于局部极小值。

局部优化方法使用目标函数的局部属性计算搜索路径，以确定对模型进行修正或者在目前模型基础上的增量，给出一个初始解。然而，只有一小部分的测量更新数据被使用，并且使用了步长因子来确保新的目标函数值始终低于当前值（Chunduru 等，1997）。关键的因素是修正计算和步长，最优化方法因如何计算这两个参数而不同。

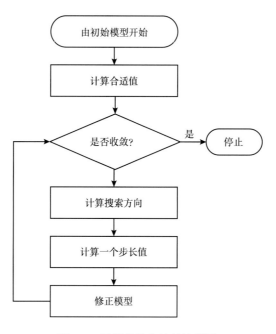

图 1.6 局部优化方法的流程图

1.7 全局优化方法

全局优化方法是地震反演中的开创性技术。该方法涉及寻找一个多变量函数的最优解。想要最小化（或最大化）的特性是误差（或拟合）函数，它描述了使用假定地球模型计算的合成数据与观测数据之间的差别（或相似性）（Sen 和 Stoffa，2013）。表征地球模型的岩层特征的物性参数，包括纵波速度、横波速度、电阻率等。

线性方程组的解与二次函数的最小化是一样的。当成本函数只有一个最小值时，之前提及的局部最小化过程是合适的。尤其当反演的地球物理问题是非线性的，而且在极其复杂的情况下，成本函数很可能会有多个极小值。在这种情况下，局部优化技术预计会失败，因为它们往往覆盖最接近的局部最小值（Sen 等，1995）。除非有足够的先验数据对初始模型进行明智的猜测，否则局部极小化算法可能会覆盖一个假的解决方案并产生坏的结果。基于梯度的优化系统不能提供从局部最小值跳到全局解决方案的方法（Maurya 和 Singh，2019）。在大多数情况下，全局优化方案比局部优化方案的计算量更大。图 1.7 显示了局部和全局解决方案的区别。

开发高效的全局优化方法的主要动机在于，在问题复杂且模型维数较大的情况下，该技术应该能够获得比局部优化方法更好的结果。虽然存在很多全局优化方法，但是遗传算法（GA）和模拟退火算法（SA）在地震反演中应用最为广泛。

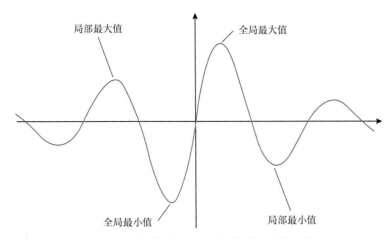

图 1.7　局部优化方法和全局优化方法的区别

　　遗传算法是基于这样的类比，即发生在活的物种上的基因改变努力使物种更聪明、更适应不断变化的自然环境。全局优化方法的强大工具之一就是遗传算法，基于空间参数随机游走原理（Sen 和 Oltz，2006；Maurya，2018）。遗传算法具有人工智能，可以处理高度非线性的问题。遗传算法不需要导数或曲率信息。一旦正演问题被解决，反演问题也可以自动被解决，因为整个操作过程包括选择一些模型、计算合成数据、比较合成数据 d^{prs} 与实测数据 d^{obs}、计算成本函数或误差函数，并且在决定验收标准时会通过一定的指导原则，选择越来越好的模型（Sen 和 Stoffa，2013）。

　　模拟退火算法使用随机游走技术，但是包含了一些人工智能。SA 引入了温度的概念。温度是控制参数，即使温度与反演问题无关。用误差函数代替热力学中的能量函数。这种误差函数在全局优化方法中也指成本函数或能量函数。在热力学中，Gibbs 的概率密度函数可以表示为：

$$P(E_j) = \frac{\exp\left(\dfrac{-E_j}{KT}\right)}{\sum \exp\left(\dfrac{-E_j}{KT}\right)} \qquad (1.15)$$

式中，K 是玻尔兹曼常数。

　　K 在全局优化方法中假设统一，因为它在反演的迭代方法中不起作用。实测数据 d^{obs} 与模型合成数据的差值，即 d^{pred}，生成误差函数，定义如下：

$$E(m) = (d^{obs} - d^{pred})^{\mathrm{T}} C_{\mathrm{D}}^{-1} (d^{obs} - d^{pred}) \qquad (1.16)$$

式中，C_{D} 为数据协方差。

　　反演问题开始于控制参数的一个非常高的初始温度。在连续迭代中逐步降低温度，使 Gibb 的概率密度函数越来越敏感（Vestergaard 和 Mosegaard，1991）。通过这种方式，成本函数被最小化。GA 和 SA 详见第六章。

1.8 地质统计学反演

地质统计学方法通常用于从地震和测井数据中预测各种地球物理参数。地质统计学方法利用在不同位置采集的样品点，在没有测井资料的情况下对地震剖面进行插值。这些样品点是钻孔中岩石物性参数的测量值（Haas 和 Dubrule，1994）。地质统计学使用测量值获得一个面，用来估计数据点之间每个位置的数据值。地质统计学所提供的两组插值技术即确定性插值技术和地质统计学技术（Russell 等，1997）。数学函数用于确定性插值技术，而地质统计学同时使用统计学和数学两种方法（Hampson 等，2001）。

地质统计学方法包括 4 种类型，即单属性分析法、多属性回归法、含多层前馈神经网络法及概率神经网络法。地质统计学方法的步骤如下：

（1）采用变差函数量化测井数据的空间连续性。

（2）利用交叉验证图，在所有井位的测井数据和地震数据之间建立统计关系。单属性分析法、多元回归法采用线性关系，神经网络法采用非线性关系。

（3）利用这些线性和非线性关系来估算钻孔以外的测井性质。

（4）对预测的测井性质进行可靠性评价。

在单属性分析法中，首先从地震数据中直接或间接地估计各种属性，再进行分析，得到最佳属性。根据其与目标测井数据值之间的相关性选择最佳属性。其次，将最佳属性与来自测井数据的目标值绘制成交会图，选取最佳拟合直线，从而得出期望关系。最后利用所期望的关系预测井间区域的岩石物性参数。

多属性回归法是预测岩石物性参数的第二类地质统计学方法。其基本原理类似于单属性分析法。多属性分析法与单属性分析法只有一个区别，即该方法一次使用属性的数量不同。该方法对所有属性进行分析，选择多个属性中的最佳组合，并与目标值绘制成交会图，得到线性关系，用于进一步分析。

上述方法均属于线性分析，具有一些局限性。下面分析法将扩展至非线性。神经网络法就属于这一类。它分为两种，即多层前馈神经网络法和概率神经网络法。一个多层前馈神经网络是一个神经元相互连接的网络，其中数据和计算以一个单一的方向流动，从输入数据到输出数据，中间有一个或多个隐蔽层。每一层都由节点组成，节点之间以特定的权重相互连接。这些权重决定输出层的结果（Dubrule，2003；Hampson，2001）。在本书中，使用的输入节点数量与用于分析的属性数量相同。大多数情况下，输出层由一个节点组成，因此对应一个输出结果，因为目标是一次预测一个岩石物理参数。图 1.8 展示了多层前馈神经网络（MLFN）结构，输入层使用 4 个属性作为 4 个节点，使用的隐蔽层有 3 个节点，最后使用的输出层有一个节点。所有来自输入层的节点都用权重连接到隐蔽层，所有隐蔽层的节点都通过一个叫作求和的属性连接到输出层。

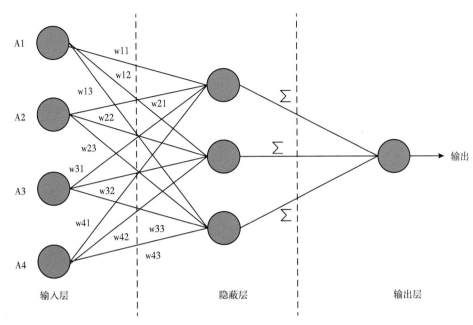

图 1.8　多层前馈神经网络（MLFN）法流程图

概率神经网络法（Masters，1995；Specht，1990，1991）实际上基于一种数学插值技术，使用神经网络结构来实现。这是使用概率神经网络（PNN）而不是多层前馈神经网络（MLFN）的优势，因为通过研究数学公式，可以更好地理解这一方法。

为了免除训练数据集，概率神经网络法假设预测的测井数据可以被写成训练数据中测井值的线性组合。假设三个属性值 $x = \{A_{1j}, A_{2j}, A_{3j}\}$，那么预测的测井值可以被估计为如下：

$$\hat{L}(x) = \frac{\sum_{i=1}^{n} L_i \mathrm{e}^{-D(x,x_i)}}{\sum_{i=1}^{n} \mathrm{e}^{-D(x,x_i)}} \tag{1.17}$$

其中：

$$D(x,x_i) = \sum_{j=1}^{3} \left(\frac{x_j - x_{ij}}{\sigma_j} \right)^2$$

式中，$D(x, x_i)$ 是输入点和每个训练点 x_i 之间的距离。

地震反演技术在地震学和地震勘探领域通常用于地下构造成像。在地震勘探中，反演有助于提取岩石和流体物理特征的基础模型，有助于储层表征。地震反演存在几个局限性。第一，地震频带被限制在 12～80Hz 之间，数据中缺失低于和高于这一频带的频率。测井数据提供了这些缺失频率的信息。第二，非唯一的解决方案导致产生多个与观测值一致的可能地质模型。另外，地震反演方法忽略了多次反射、传输损耗、几何扩展及频率相关的吸收。减少上述不确定性因素的首选方法是使用含低频和高频成分的附加信息（主要来自测井资料），这有助于约束初始假想模型的解决方案的偏差。因此，最终结果既依赖于地震数据又依赖于这一附加信息，同时也依赖于反演方法本身的具体细节。

所有讨论的地震反演方法将在后续章节逐一解释。首先将介绍这些反演方法的数学背景，然后结合合成数据和实际数据实例展示相关反演方法估计地下地层性质的能力。本书旨在解释相关地震反演方法的各个方面功能及其实际应用。

参 考 文 献

Aki K, Richards PG (1980) Quantitative seismology: theory and methods. New York, p 801.

Ansari HR (2014) Use seismic colored inversion and power law committee machine based on imperial competitive algorithm for improving porosity prediction in a heterogeneous reservoir. J Appl Geophys 108: 61-68.

Bachrach R, Sayers CM, Dasgupta S, Silva J (2014) Seismic reservoir characterization for unconventional reservoirs using orthorhombic AVAZ attributes and stochastic rock physics modeling. SEG Tech Prog Exp Abs: 325-329.

Banihasan N, Riahi MA, Anbaran M (2006) Recursive and sparse spike inversion methods on reflection seismic data. University of Tehran, Institute of Geophysics.

Bortfeld R (1961) Approximations to the reflection and transmission coefficients of plane longitudinal and transverse waves. Geophys Prospect 9 (4): 485-502.

Carrazzone JJ, Chang D, Lewis C, Shah PM, Wang DY (1996) Method for deriving reservoir lithology and fluid content from pre-stack inversion of seismic data. US Patent 5: 583,825.

Chen Q, Sidney S (1997) Seismic attribute technology for reservoir forecasting and monitoring. Lead Edge 16 (5): 445-448.

Chunduru RK, Sen MK, Stoffa PL (1997) Hybrid optimization methods for geophysical inversion. Geophysics 62 (4): 1196-1207.

Clochard V, Delépine N, Labat K, Ricarte P (2009) Post-stack versus pre-stack stratigraphic inversion for CO_2 monitoring purposes: a case study for the saline aquifer of the Sleipner field. In: SEG Annual Meeting, Society of Exploration Geophysicists.

Connolly P (1999) Elastic impedance. Lead Edge 18: 438-452.

Downton JE (2005) Seismic parameter estimation from AVO inversion. In: M. Sc. thesis. University of California Department of Geology and Geophysics, pp 305-331.

Dubrule O (2003) Geostatistics for seismic data integration in Earthmodels. Distinguished Instructor Short Course, vol 6. SEG Books.

Goodway W (2001) AVO and lame constants for rock parameterization and fluid detection. CSEG Recorder 26 (6): 39−60.

Haas A, Dubrule O (1994) Geostatistical inversion−a sequential method of stochastic reservoir modelling constrained by seismic data. First Break 12 (11): 561−569.

Hampson DP, Schuelke JS, Quirein JA (2001) Use of multiattribute transforms to predict log properties from seismic data. Geophysics 66 (1): 220−236.

Krebs JR, Anderson JE, Hinkley D, Neelamani R, Lee S, Baumstein A, Lacasse MD (2009) Fast full−wave−field seismic inversion using encoded sources. Geophysics 74 (6): WCC177−WCC188.

Lancaster S, Whitcombe D (2000) Fast−track "colored" inversion. SEG Expanded Abs 19: 1572−1575.

Leite EP (2010) Seismic model based inversion using matlab. Matlab−Modell Program Simul: 389.

Lindseth RO (1979) Synthetic sonic logs−a process for stratigraphic interpretation. Geophysics 44 (1): 3−26.

Masters T (1995) Advanced algorithms for neural networks: a C++ sourcebook. John Wiley & Sons, Inc.

Maurya SP, Singh KH, Singh NP (2019) Qualitative and quantitative comparison of geostatistical techniques of porosity prediction from the seismic and logging data: a case study from the Blackfoot Field, Alberta, Canada. Mar Geophys Res 40 (1): 51−71.

Maurya SP, Singh KH (2019) Predicting porosity by multivariate regression and probabilistic neural network using model−based and coloured inversion as external attributes: a quantitative comparison. J Geol Soc India 93 (2): 207−212.

Maurya SP, Singh NP (2018) Application of LP and ML sparse spike inversion with probabilistic neural network to classify reservoir facies distribution—a case study from the blackfoot field, Canada. J Appl Geophys Elsevier 159 (2018): 511−521.

Maurya SP, Singh KH, Kumar A, Singh NP (2018) Reservoir characterization using post−stack seismic inversion techniques based on real coded genetic algorithm. J Geophys 39 (2): 95−103.

Maurya SP, Singh KH (2015a) LP and ML sparse spike inversion for reservoir characterization−a case study from Blackfoot area, Alberta, Canada. In 77th EAGE Conference and Exhibition, 2015 (1): 1−5.

Maurya SP, Singh KH (2015b) Reservoir characterization using model based inversion and probabilistic neural network. In 1st International conference on recent trend in engineering and technology, Vishakhapatnam, India.

Moncayo E, Tchegliakova N, Montes L (2012) Pre-stack seismic inversion based on a genetic algorithm: a case from the Llanos Basin (Colombia) in the absence of well information. CT&FCiencia Tecnología y Futuro 4 (5): 5-20.

Morozov IB, Ma J (2009) Accurate post-stack acoustic-impedance inversion by well-log calibration. Geophysics 74 (5): R59-R67.

Pendrel J (2006) Seismic inversion- still the best tool for reservoir characterization. CSEG Recorder 26 (1): 5-12.

Russell B, Hampson D, Schuelke J, Quirein J (1997) Multiattribute seismic analysis. Lead Edge 16: 1439-1444.

Russell B, Hampson D (1991) Comparison of post-stack seismic inversion methods. In: SEG technical program expanded abstracts. Society of Exploration Geophysicists, pp 876-878.

Russell B (1988) Introduction to seismic inversion methods. In: The SEG course notes, series 2.

Sen R, Oltz E (2006) Genetic and epigenetic regulation of high gene assembly. Curr Opin Immunol 18 (3): 237-242.

Sen MK, Stoffa PL (2013) Global optimization methods in geophysical inversion. Cambridge University Press, Cambridge, p 27.

SenMK, Datta-Gupta A, Stoffa PL, Lake LW, Pope GA (1995) Stochastic reservoir modeling using simulated annealing and genetic algorithm. SPE Formation Eval 10 (1): 49-56.

Shuey R (1985) A simplification of the zoeppritz equations. Geophysics 50 (4): 609-614.

Specht DF (1990) Probabilistic neural networks. Neural Netw 3 (1): 109-118.

Specht DF (1991) A general regression neural network. IEEE Trans Neural Netw 2 (6): 568-576.

Vestergaard PD, Mosegaard K (1991) Inversion of post-stack seismic data using simulated annealing. Geophys Prospect 39 (5): 613-624.

Xu S, Wang D, Chen F, Zhang Y, Lambare G (2012) Full waveform inversion for reflected seismic data. In: 74th EAGE conference and exhibition incorporating EUROPEC 2012.

第 2 章　地震数据处理

地震资料解释是非常关键的一步，因此对数据需要格外注意。如果数据中仍有一些含糊不清的地方，那么解释就出现错误，进而损失时间和金钱。本章介绍了在地震资料解释之前进行的地震数据处理步骤，同时还介绍了地震层位拾取、子波提取和低频模型生成技术，这是地震反演过程中非常重要的步骤。

在进行地震反演之前，需要准备地震和测井资料。这些准备工作包括地震数据处理、地震层位拾取、从地震数据和测井数据中提取子波、时深关系及初始低频模型的生成。这些都是非常重要和关键的步骤，因为反演结果很大程度上取决于输入数据。下面将简要介绍这些步骤。

2.1　数据处理

在执行数据处理之前，如果数据在偏移距域而不是角度域，则需要将其转换为角度道集。全偏移叠加地震数据不能用 Akki-Richards 方程进行模拟，因为它混合了全部偏移距的数据，因此不能用于叠前反演（Singleton，2009）。此外，该叠前地震道集中包含明显的噪声，这些噪声可能会误导对地震反演剖面的解释。叠前地震反演前，需要对叠前地震数据进行预处理，以提高信噪比。数据处理有 5 个主要步骤，即带通滤波、切除（直达波）、转换为超道集、概率 Radon（拉东）变换及静校正。下面将简要介绍这些过程，并以加拿大新斯科舍省佩诺布斯科特（Penobscot）油田为例说明。

2.1.1　带通滤波

数据处理的第一步是带通滤波。在此过程中，设计了带通滤波器并应用于地震数据的一个子集。该滤波器抑制了不需要的低频和高频信号。它不影响子波的形状（Mari 等，1999）。该滤波器非常重要，因为有时检波器在到达主信号前就对信号进行了记录，即噪声分量。在主信号停止时，检波器会接收到信号的一些分量，这些仍然为噪声分量，需要将噪声分量从主信号中分离出来。因此设计了一种滤波器，去除主信号前接收到的低频分量和主信号后接收到的高频分量（Yilmaz，2001）。以佩诺布斯科特地区为例。图 2.1 展示了带通滤波的效果。当道集频率为 10~60Hz 时，使用 5/10~60/70Hz 的带通滤波器。从图中可以看出，信号分辨率有了较大的提高，特别是在带通滤波后的地震数据道集中，原始地震道集中不清晰的底部反射层变得非常清晰。

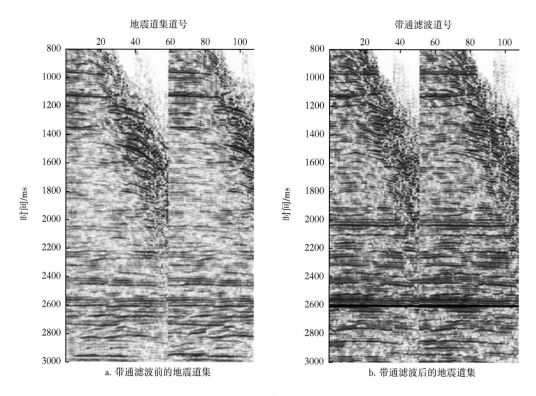

| a. 带通滤波前的地震道集 | b. 带通滤波后的地震道集 |

图 2.1　地震数据（主测线 1001 和 1002）的剖面

2.1.2　切除直达波

切除是数据处理的第二步。对数据进行切除直达波的处理以消除远偏移道上的噪声分量。其方法是通过将需要切除的部分振幅设置为零来消除不良的地震道。在 NMO 校正后应用该方法消除 NMO 拉伸的影响。除此之外，切除处理还可以补偿其他因素产生的误差，如折射和几何噪声（Robinson 等，1986）。图 2.2 展示了对过带通滤波后的佩诺布斯科特油田地震数据进行切除直达波处理前和切除直达波处理后的道集示例。不属于主信号的远偏移量振幅保持为零。

2.1.3　超道集

转换为超道集是数据处理的第三步，用于提高叠前道集的信噪比。转换为超道集的基本思想是将相邻的共深度点（CDP）地震道进行叠加，从而形成平均共深度点道集（Mari 等，1999；Singleton，2009）。超道集也提高了数据的覆盖次数和消除了噪声分量。这是数据处理的一个非常关键的步骤，其应用需要相关的专业知识。图 2.3 描述了超道集处理对切除处理后的道集的影响。与切除直达波处理后的道集相比，超道集的反射层面更加清

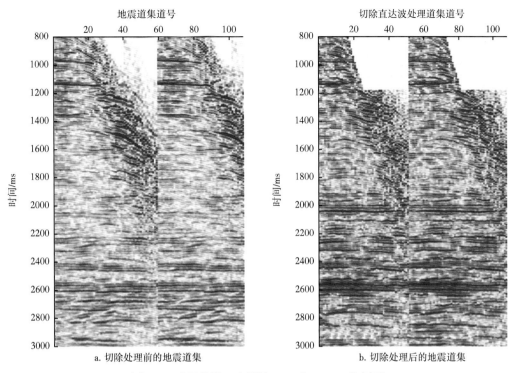

图 2.2 地震数据（主测线 1001 和 1002）的剖面

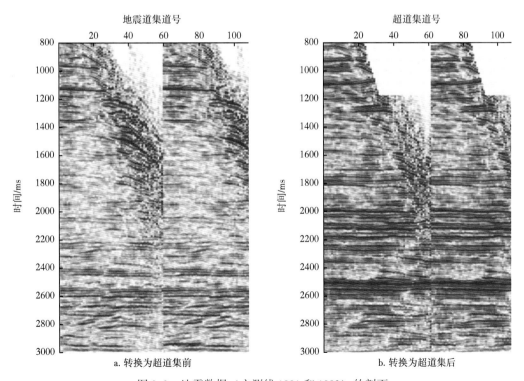

图 2.3 地震数据（主测线 1001 和 1002）的剖面

晰。有时，特别是在反射层附近的地震道振幅会由于外部因素（特别是在反射层附近）而发生畸变，可使用转换为超道集的方法来校正（Chopra 等，2006）。

2.1.4　Radon 变换

Radon（拉东）变换是数据处理的第四步。该方法连同 Radon 噪声抑制消除了多次波。这也是一个非常重要的步骤，因为叠前道集中包含大量的噪声，这些噪声数据会导致地震反演的错误结果和不真实的数据解释。Radon 变换的基本过程如下：模型参数的设置是为了识别数据中的长周期多次波或随机噪声，模型建立后，Radon 变换从数据中去除这些多次波或噪声，得到一个噪声大大降低的数据集，从而优化了地震道（Yilmaz，1990；Robinson 和 Treitel，2000）。图 2.4 为 Radon 变换示例。Radon 变换前的叠前道集中没有显示趋于一致的趋势，而 Radon 变换滤波后噪声似乎被去除了，这显然归因于多次波。地震道幅值随偏移量的增加而增大。除此之外，反射层在 Radon 变换道集中变得更加平滑。

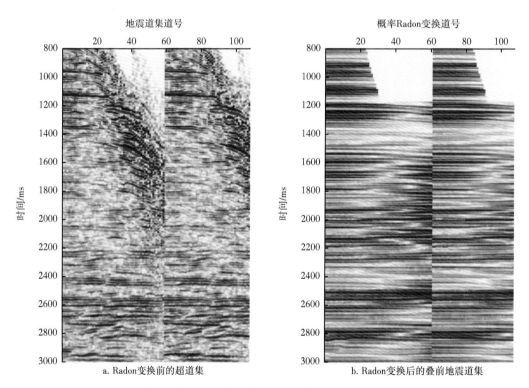

图 2.4　地震数据（主测线 1001 和 1002）的剖面

2.1.5　静校正

静校正是数据处理的最后一步，用来使地震层位更加平滑。它还解决了叠前地震道集的偏移时差问题。静校正的基本概念在于试图确定一个应用于地震道集中每个地震道的最佳时移量。时移量是通过将每个地震道与参考地震道互相关来确定的，以使输入地震道更好地匹配到参考地震道上（Robinson 和 Treitel，2000）。通常，参考地震道是共深度点叠加地震道。这一步的应用也需要相关专业知识，因为在某些情况下，静校正会降低主信号，使数据看起来像合成数据。图 2.5 展示了静校正的一个案例。反射层呈直线状，对数据进行静校正处理能够减少剩余时差，最大时移为 10ms。

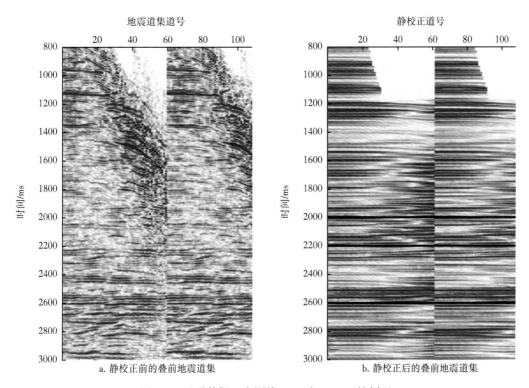

图 2.5　地震数据（主测线 1001 和 1002）的剖面

对地震道集进行处理后，地震数据就可以用于地震反演。第 4 章讨论了以经过静校正的地震道集作为输入数据的叠前地震反演方法。在地震资料的准备工作之后，下一步是拾取地震层位。地震层位可以作为井间岩石物性参数插值的约束。

2.2　地震层位

一个假想的地层通常被认为是地层表面的一种表示，两个地层之间的界面称为层位。在地震剖面中，这些层位显示出两个具有不同地震波速度、密度、孔隙度、流体含量等的岩体之间的接触特性（Russell，1988）。地震资料解释是对这些层位认识的基础上进行的。这些层位在地震反演中非常重要，因为这些层位可以作为井间内插测井特性的标准层（Pendrel，2006）。地震剖面中地震层位的拾取是一项非常艰巨的工作，需要花费大量的时间和精力。地震反演结果的解释在很大程度上取决于这些层位，因此需要对此予以充分重视。在三维地震体中，有许多方法可用于拾取地震层位，如人工拾取、插值法、自动拾取等。下面几节将对这些方法进行简要说明。人工拾取地震层位是一种非常古老而有效的方法，人工拾取是通过手动和观察解释数据的主测线、联络测线、时间切片和任意线来进行的。地震解释人员在对层位进行人工解释时，要在数据中寻找大振幅的局部连续性，同时也要寻找需拾取的同向轴的局部相似点（Hildebrand 和 Landmark Graphics Corp.，1992）。

插值法比传统的人工解释方法更有效。插值技术假设层位的局部非常平滑，控制点之间可能呈线性关系。如果在控制点之间违反了这个假设，那么其结果就会很差（Faraklioti 和 Petrou，2004；Pendrel，2006）。因此，插值法虽然是一种相对快速的方法，但在一些区域内，如断层或节理发育地区，使用插值法时需要特别谨慎。

另一种层位拾取方法是自动拾取，所需的拾取时间最短，得到了广泛的应用。该方法主要用于地震资料解释软件。在自动拾取地震层位方法中所使用的基本概念很简单。解释器将拾取的种子点置于三维地震数据体的主测线和联络测线上。然后使用这些种子点作为自动拾取操作的初始控制。如果它在指定的约束条件下发现了相似特征，就会拾取该地震道并继续进行下一个地震道的拾取（Dorn，1998）。简单的自动拾取器允许用户指定要追踪的特征、允许的振幅范围和需搜索的倾角窗口。图 2.6 以图形方式解释了自动拾取的工作原理。自动追踪器在倾角窗口中寻找相似的振幅或相似的特征进行拾取，如果没有发现相似的特征，自动追踪器在该地震道处则停止追踪（Keskes 等，1983；Harrigan 等，1992）。

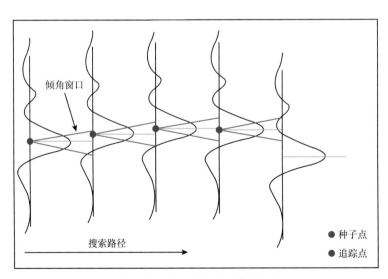

图 2.6　自动拾取器工作方法示意图（据 SEG）

本书所举的例子是使用人工拾取方法在三维地震数据体中拾取地震层位。人工拾取是最有效的方法，尽管这种方法是花费时间最多的拾取方法。在加拿大艾伯塔省的布莱克福特地区地震数据中使用人工拾取技术拾取了三个层位，如图 2.7 所示。在加拿大 Scotian 大

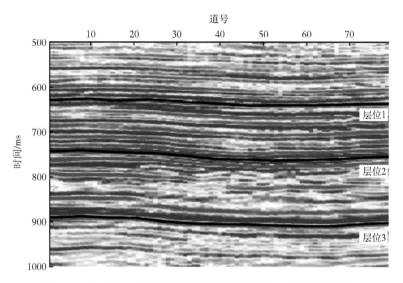

图 2.7　加拿大布莱克福特地区地震数据的人工拾取地震层位

陆架的佩诺布斯科特区域的叠前地震道中拾取了两个层位，如图 2.8 所示。建议至少拾取两个层位，以获得较好的地震反演结果。

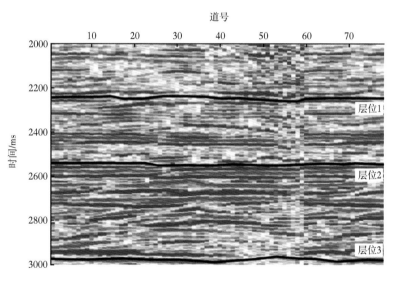

图 2.8　加拿大佩诺布斯科特区域地震数据的人工拾取地震层位

2.3　地震子波

所有的地震反演方法都取决于正演模拟的形式，其目的是通过地层反射系数与地震子波的褶积得到合成道集。对于任何类型的地震反演，地震子波都是一个非常重要的参数。

地震子波是一种数学算子，用于将任何时变信号表示为频率变化信号。在地震数据采集的过程中，震源发出的信号是一种子波信号。如果知道这个子波，那么地震反演就可以用一种更为精细的方法进行。但不幸的是，大多数情况下它是未知的（Cheng 等，1996）。地震子波可以分为两大类，即零相位子波和最小相位子波。

2.3.1 零相位子波

零相位子波具有时间最短、零时刻峰值最大的特点。该子波具有对称性，在零时刻有一个极大值（非因果关系）。零相位子波的相位对于信号中包含的所有频率分量都是 0。能量在时间零点之前到达这一事实在物理学上是不可靠的，但是地震子波有助于提高分辨率且易于拾取反射同向轴（峰或谷）（Russell，1988；Cheng 等，1996）。其中一种零相位子波是 Ricker（雷克）子波。图 2.9 给出了 3 种类型的 Ricker 子波，第一种是 20Hz 的 Ricker 子波（图 2.9a），第二种是 30Hz 的 Ricker 子波（图 2.9b），第三种是 40Hz 的 Ricker 子波（图 2.9c），其振幅谱在子波的底部。如图 2.9 所示，随着子波频率的增加，子波形状变得更为尖锐，而振幅谱则变宽。

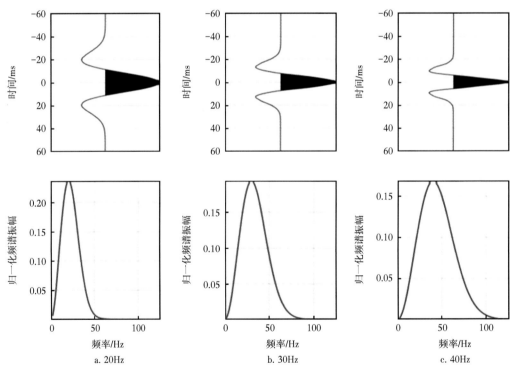

图 2.9　河中频率的零相位子波

2.3.2 最小相位子波

几乎所有震源都会产生最小相位子波。最小相位子波持续时间较短，能量集中在子波

开始接近零点处。子波振幅在时间零点前为 0（因果关系）（Russell，1988；Walden 和
White，1998）。图 2.10 给出了一个最小相位子波的实例。图中展示了频率为 10/10～
40/80Hz、10/20～40/60Hz、10/15～60/70Hz 的 3 种最小相位子波，图底部显示了其相
应的振幅谱。由于频率的变化，可以很容易看到时间和振幅谱的相对变化。所有的子波
在接近时间零点处都有最大的能量集中点。

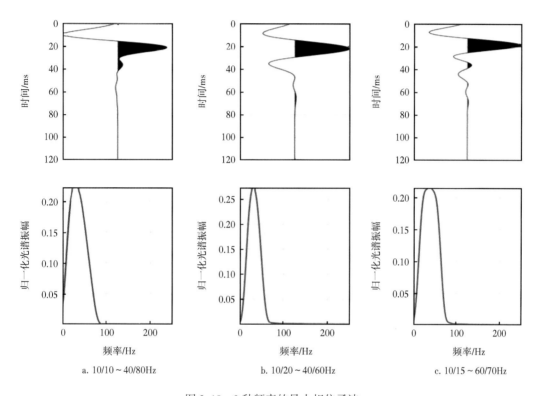

a. 10/10～40/80Hz　　　　　b. 10/20～40/60Hz　　　　　c. 10/15～60/70Hz

图 2.10　3 种频率的最小相位子波

2.3.3　子波提取

　　从地震和测井数据中提取统计子波是一个非常重要的步骤。震源子波是未知的，几乎
所有的地震反演方法都要使用从地震资料或测井资料中提取的子波。尽管子波的提取是一
个复杂的过程，但也是目前一个非常活跃的研究领域。子波的提取方法有很多。频率域子
波的提取包括两个部分：一是确定振幅谱，二是确定相位谱（Swisi，2009）。在这两个过
程中，相位谱的确定是一个非常困难的过程，也是地震反演一个主要的误差来源。子波的
提取主要有三种方法。第一种方法是纯确定性子波提取，包括直接使用地面检波器和其他
技术（如海洋信号或 VSP 分析）对子波进行测量。第二种方法是统计子波提取，包括从
地震数据中单独对子波进行确定。这些过程往往难以可靠地确定相位谱。第三种方法是利
用测井资料子波提取，该方法除地震资料外还使用了测井资料。从理论上来说，第三种方

法可以提供准确的井位相位信息（Russell，1988；Swisi，2009）。问题是第三种方法很大程度上依赖于测井资料和地震资料之间良好的对应关系。统计子波提取和利用测井资料子波提取是应用最广泛的方法，下面将进行简要的介绍。

2.3.3.1　统计子波提取

统计子波提取技术仅利用地震数据进行子波的提取。所使用的数学过程是自相关。子波的相位谱并非采用此种方法进行计算，必须由用户作为一个单独的参数提供（Edgar 和 van der Baan，2011）。提取统计子波的步骤如下。

（1）确定地震数据中的分析窗口。

（2）对分析窗口的开始和结束应用斜坡化。

（3）计算数据窗口的自相关。自相关的长度应该等于子波期望长度的一半。

（4）计算自相关的振幅谱。

（5）对自相关频谱取平方根。这近似于子波的振幅谱。

（6）手动添加所需的相位。

（7）进行逆 FFT（快速傅里叶变换）以产生子波。

（8）将其与根据分析窗口中其他道计算出的子波进行求和。

2.3.3.2　利用测井资料子波提取

利用测井资料子波提取方法涉及测井数据的使用。这可以通过两种方式实现。第一种方法是两者均利用测井数据来确定：子波完整的振幅谱和相位谱。第二种则结合 2.3.3.2 节所述的统计步骤，只用测井数据来确定固定相位的子波。在这两种方法中，第一种方法非常流行，使用最为广泛（Swisi，2009）。由测井数据进行子波提取的过程如下：

（1）确定声波、密度和地震数据分析窗口。

（2）将声波和密度相乘得到阻抗，然后将其转化为反射系数。

（3）对地震数据和反射系数的分析窗口的开始和结束应用斜坡化。

（4）接下来，计算最小二乘整形滤波器 W，其求解公式见下步。

（5）道号 $S = W \times$ 反射率 R。

（6）之后，使用 Hilbert 变换方法通过地震—测井数据的相关来计算子波的振幅包络。如果包络峰不在时间零点，则对测井数据和地震道之间的互相关进行偏移，进而用上一步重新对子波进行计算。这个过程通过对地震道和测井数据之间的随机时移进行修正。

（7）取每条地震道计算得到的子波平均值，以产生所需的子波。

（8）通过过滤高频分量来稳定计算得到的子波。

2.3.3.3　提取子波实例

图 2.11 为加拿大 Scotian 大陆架佩诺布斯科特区数据的子波提取示例。图中比较了 3 个子波，一个是从测井数据中提取，第二个是从原始地震剖面中提取，第三个是从静校正道集中提取。对应的振幅谱如图 2.11 底部所示。

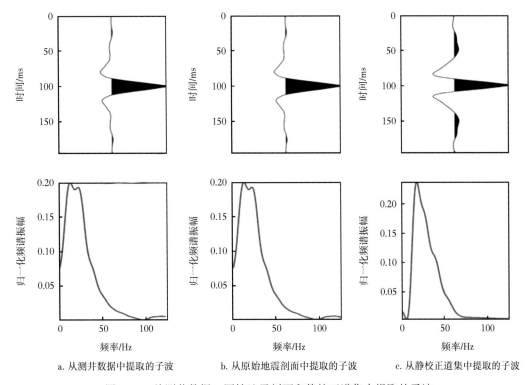

a. 从测井数据中提取的子波　　　b. 从原始地震剖面中提取的子波　　　c. 从静校正道集中提取的子波

图 2.11　从测井数据、原始地震剖面和静校正道集中提取的子波

更进一步，从布莱克福特地区的测井曲线中提取的子波如图 2.12 所示。该地区有 13 口井的测井曲线，因此提取了 13 个子波。29-08 井的子波如图 2.12a 中所示。图 2.12b 显

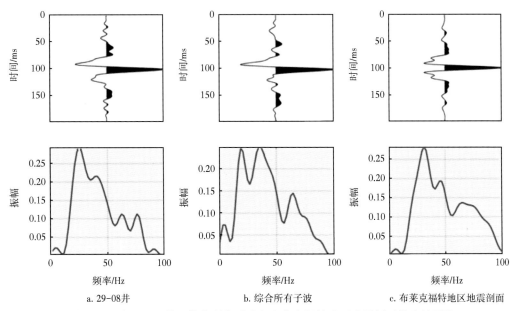

a. 29-08井　　　　　　　　b. 综合所有子波　　　　　　　c. 布莱克福特地区地震剖面

图 2.12　从 29-08 井、综合所有子波和布莱克福特地区地震剖面提取的子波

示了从 13 口井中提取的所有子波的平均值。从布莱克福特地区叠后地震剖面提取的子波如图 2. 12c 所示。

2. 4 低频模型

地震反演方法使用的另一个输入值是低频模型。地震资料存在频带限制，只包含 10～80Hz 的频率范围，因此缺乏低频和高频分量，这些低频分量中包含了较深反射层的信息在进行地震资料解释时非常重要。在地震资料反演过程中，利用低频模型提供反演结果的低频分量，从而得到反演结果的宽带频谱。低频模型是以地震层位为约束，通过井间测井属性的横向内插和外推得到的（Swisi，2009；Maurya 和 Singh，2018a，b）。这种内插和外推法通常使用各种数学方法进行，如反距离加权法（IDW）、样条法、克里格法和协同克里格法。下面几节将简要介绍其中的一些方法。

2. 4. 1 克里格法

克里格法是统计插值的一种基本方法。不同于反距离加权法（IDW）和样条插值法等确定性插值技术，它们直接基于相邻的测量值或确定最终结果平滑度的数学公式（Todorov，2000；Chambers 和 Yarus，2002）。克里格法属于包括了地质统计技术在内的第二类插值技术，它基于包括自相关在内的统计模型，即测点之间的统计关系。因此，地质统计学方法不仅能够生成预测面，而且还提供了某种程度的预测确定性或精度（Oliver 等，2008）。

克里格法假设样本点的距离或方向表示了可以用来解释横向变化的空间相关性。为了确定每个位置的输出值，克里格法将一个数学函数拟合成指定数量的点或指定半径内的所有点。克里格法是一种多阶段的方法，包括统计数据分析、变差函数建模、曲面拟合和（可选）方差曲面的优化。如果了解信息中存在空间相关的距离或方向偏差，则克里格法最合适（Chang 等，1998）。在土壤科学和地质学中，该方法经常被使用。

目标是通过未测量位置的已知（测量）值的线性加权总和来估计特定属性 z_0^*。对于 N 个已知的 z_i，$i = 1, \cdots, N$，z_0^* 的线性估计量计算方程表示如下：

$$z_0^* = \sum_{i=1}^{N} w_i z_i + w_0 \qquad (2.1)$$

在每个位置上，估计误差为估计值 z_0^* 和真实值 z_0 之间的差。

2. 4. 2 协同克里格法

在油气勘探中，经常有两套独立的测量值：测井曲线或关键样本及一套地震资料。地层物理性质，如声速和横波速度、密度、中子孔隙度等，可以在井中直接测量。可以使用克里格法将这些属性插值并刻画到储层之间。但是，希望将地震资料信息引入刻画方法中，因为它们可以为勘探区域提供非常出色的空间覆盖范围（Todorov，2000；Chambers 等，2000；Ahmadi 和 Sedghamiz，2008）。因此，协同克里格法是一种同时使用测井和地震资料并在远离井眼处预测数值的技术。

普通的协同克里格估计量 z_0^* 的计算公式如下：

$$z_0^* = \sum_{i=1}^{N} w_i Z_i + \sum_{j=1}^{M} v_j X_j \tag{2.2}$$

式中，z_0^* 是网格节点上的估计值；Z_i 是给定位置的区域化变量，其单位与区域化变量相同；w_i 是分配给主要样本 Z_i 的不确定权重，介于 0～100%；X_j 是次级区域化变量，与主要区域化变量 Z_i 并置，单位与次级区域化变量相同；v_j 是分配给 X_j 的不确定权重，介于 0～100%。

2.4.3　反距离加权法

反距离加权法是广泛应用的另一种插值技术。该技术的创建基于以下假设：彼此靠近的点比远离的点具有更多的相关性。在反距离加权法中，相邻点之间的相关性和相似性比率基本上假定为与它们之间的距离成反比，可以将其定义为每个点与相邻点之间的反距离函数。该技术将相邻半径的概念和距离逆函数的相关强度视为最重要的参数。如果有足够的采样点（至少 14 个点），并且在局部尺度上具有适当的分散度，则可以使用该技术。影响反距离插值精度的主要变量是能量参数值 p（Burrough 和 McDonnell，1998）。邻近距离的大小和相邻点的数量对于结果的准确性也很重要：

$$Z_0 = \frac{\sum_{i=1}^{N} z_i d_i^{-n}}{\sum_{i=1}^{N} d_i^{-n}} \tag{2.3}$$

式中，Z_0 是点 I 中变量 z 的估计值；z_i 是点 I 中的样本值；d_i 是样本点到估计点的距离；N 是基于距离确定权重的系数；n 是每个验证案例的预测总数。

2.4.4　模型的生成

使用以下步骤创建低频声阻抗模型：

（1）通过测井速度和密度的乘积计算井的声阻抗。

（2）在三维地震体中选取地震层位，以对井间插值进行约束。这些地震层位也为模型提供了构造信息。沿地震层位和井间插值得到初始低频声阻抗模型。

（3）使用高频切除滤波器从模型中去除高频分量，因为模型只包含低频分量。

一种类似的方法可用于估算速度、密度、V_p/V_s 等模型。通过这种方法，可以生成一个低频模型，该模型在地震反演方法中用作先验信息以提供低频分量。

图 2.13 至 2.15 给出了低频模型的实例。图 2.13 显示了加拿大布莱克福特地区的低频声阻抗模型。该模型使用该地区的 13 口井的测井曲线和两个拾取地震层位创建。除此之外，还使用 10~15Hz 的高频切除滤波器去除较高频分量。图 2.14 显示了加拿大 Scotian 大陆架佩诺布斯科特地区数据的 P 波阻抗模型。通过使用一口井（L-30）和两个拾取地震层位来生成此低频模型。应用了 12~15Hz 的高频切除滤波器，以从模型中去除高频分量。同样，生成了 S 波阻抗模型，如图 2.15 所示。密度和 V_p/V_s 模型分别如图 2.16 和图 2.17 所示。

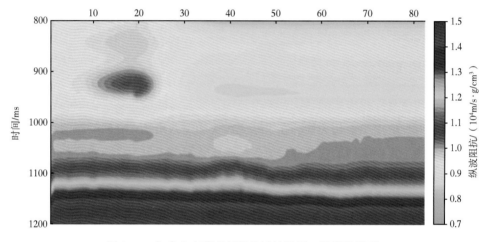

图 2.13　加拿大布莱克福特地区的低频 P 波阻抗模型

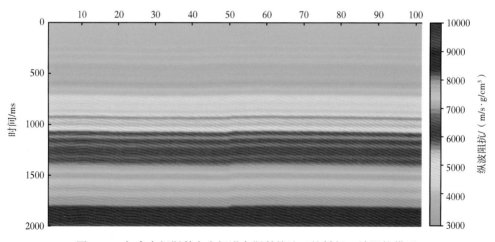

图 2.14　加拿大新斯科舍省佩诺布斯科特油田的低频 P 波阻抗模型

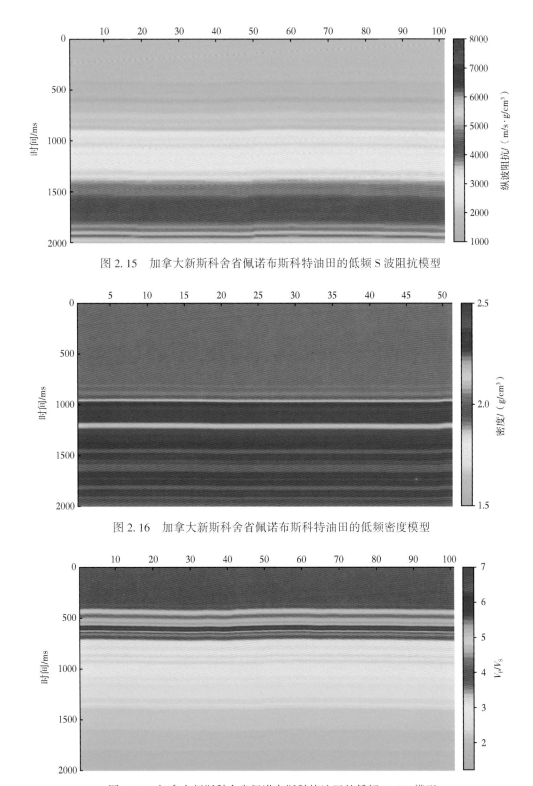

图 2.15　加拿大新斯科舍省佩诺布斯科特油田的低频 S 波阻抗模型

图 2.16　加拿大新斯科舍省佩诺布斯科特油田的低频密度模型

图 2.17　加拿大新斯科舍省佩诺布斯科特油田的低频 $V_\mathrm{P}/V_\mathrm{S}$ 模型

参 考 文 献

Ahmadi SH, Sedghamiz A (2008) Application and evaluation of kriging and cokriging methods on groundwater depth mapping. Environ Monit Assess 138 (1-3): 357-368.

Burrough PA, McDonnell RA (1998) Creating continuous surfaces from point data. Principles of Geographic Information Systems. Oxford University Press, Oxford, UK.

Chambers RL, Yarus JM (2002) Quantitative use of seismic attributes for reservoir characterization. CSEG Recorder 27 (6): 14-25.

Chambers RL, Yarus JM, Hird KB (2000) Petroleum geostatistics for nongeostatisticians: part 1. Lead Edge 19 (5): 474-479.

Chang YH, Scrimshaw MD, Emmerson RHC, Lester JN (1998) Geostatistical analysis of sampling uncertainty at the Tollesbury managed retreat site in Blackwater Estuary, Essex, UK: kriging and cokriging approach to minimise sampling density. Sci Total Environ 221 (1): 43-57.

Cheng Q, Chen R, Li TH (1996) Simultaneous wavelet estimation and deconvolution of reflection seismic signals. IEEE Trans Geosci Remote Sens 34 (2): 377-384.

Chopra S, Castagna J, Portniaguine O (2006) Seismic resolution and thin-bed reflectivity inversion. CSEG Recorder 31 (1): 19-25.

Dorn GA (1998) Modern 3-D seismic interpretation. Lead Edge 17 (9): 1262.

Edgar JA, Van der Baan M (2011) How reliable is statistical wavelet estimation? Geophysics 76 (4): V59-V68.

Faraklioti M, Petrou M (2004) Horizon picking in 3D seismic data volumes. Mach Vis Appl 15 (4): 216-219.

Harrigan E, Kroh JR, SandhamWA, Durrani TS (1992) Seismic horizon picking using an artificial neural network. IEEE Int Conf Acoust Speech Signal Process 3: 105-108.

Hildebrand HA, Landmark Graphics Corp. (1992) Method for finding horizons in 3D seismic data. U.S. Patent, 5: 153, 858.

Keskes N, Zaccagnino P, Rether D, Mermey P (1983) Automatic extraction of 3-d seismic horizons. In SEG technical program expanded abstracts. Society of Exploration Geophysicists, pp 557-559.

Mari J-L, Glangeaud F, Coppens F, Painter D (1999) Signal processing for geologists and geophysicists. Technip, Paris, p 480.

Maurya SP, Singh KH (2018a) Qualitative and quantitative comparison of geostatistical techniques of porosity prediction from the seismic and logging data: a case study from the blackfoot field，Alberta，Canada. Mar Geophys Res 40（1）：51-71.

Maurya SP，Singh NP（2018b）Application of LP and ML sparse spike inversion with probabilistic neural network to classify reservoir facies distribution—a case study from the blackfoot field，Canada. J Appl Geophys Elsevier 159（2018）：511-521.

Oliver DS，Reynolds AC，Liu N（2008）Inverse theory for petroleum reservoir characterization and history matching. Cambridge University Press.

Pendrel J（2006）Seismic inversion-still the best tool for reservoir characterization. CSEG Recorder 26（1）：5-12.

Robinson EA，Durrani TS，Peardon LG（1986）Geophysical signal processing. Prentice-Hall International.

Robinson E，Treitel S（2000）Geophysical signal analysis. Society of exploration geophysicists .

Russell B（1988）Introduction to seismic inversion methods. In：The SEG course notes series 2.

Singleton S（2009）The effects of seismic data conditioning on prestack simultaneous impedance inversion. Lead Edge 28（7）：772-781.

SwisiAA（2009）Post-and pre-stack attribute analysis and inversion of Blackfoot 3Dseismic dataset. Doctoral dissertation，University of Saskatchewan.

Todorov TI（2000）Integration of 3C-3D seismic data and well logs for rock property estimation. In：M. Sc. thesis，University of Calgary.

Walden AT，White RE（1998）Seismic wavelet estimation：a frequency-domain solution to a geophysical noisy input-output problem. IEEE Trans Geosci Remote Sens 36（1）：287-297.

Yilmaz O（1990）Seismic data processing. Society of exploration geophysicists Yilmaz O（2001）Seismic data analysis. In：Society of exploration geophysicists，vol 1. Tulsa，OK.

第 3 章　叠后地震反演

叠后地震反演是利用叠后地震资料和测井资料估算声波阻抗。与其他叠前地震反演方法相比，叠后地震反演速度快，可提供高分辨率的地下图像。本章讨论几种叠后地震反演方法，即基于模型的反演、有色反演、稀疏脉冲反演，以及有限带宽反演。本章还涉及上述地震反演方法的合成和真实数据实例。

3.1　引言

本章介绍的地震反演技术采用叠后地震资料来估算地层的物理性质。反演过程的有效性取决于地震振幅转化为阻抗值的有效性。反演期间需采取充分的质控预防措施以保持振幅，进而确保振幅变化与地质体有关（Vestergaard 和 Mosegaard，1991）。因此，需对地震数据中的多次波进行处理和剔除，产生高信噪比和零炮检距偏移剖面，减少数据失真。因地震数据具有频带限制，特别是低频数据缺失，使得无法从地震速度值转化为对进行地质解释需要的阻抗值（Clochard 等，2009）。此外，所产生的阻抗体分辨率较低，无法识别薄层。因此，地震反演时必须注意上述关键问题。

叠后地震反演技术通常指将叠加地震信息转换为定量岩石物理参数所用的不同工作流程。叠后地震反演结果通常为声波阻抗，而叠前地震反演的结果为纵波阻抗和横波阻抗。叠后地震反演技术主要包括稀疏脉冲反演、基于模型的反演、递归反演，以及有色反演。所有上述技术均归类为确定性方法，其结果唯一。本书所用的叠后地震反演方法将在后面章节进行详细介绍。讨论叠后地震反演方法之前，首先介绍用于估计原始信号与反演信号差异的一些统计参数。

3.2　统计参数

定量对比两种信号（原始信号和反演信号）的统计参数包括相关系数、均方根（RMS）误差、综合相对误差、峰值信噪比、平均绝对误差，以及绝对误差和。这些参数的定义如下。

在统计学中，皮尔逊（Pearson）相关系数广泛用于度量两个变量之间的相关程度。引入两种信号的定量对比中，其表达式为：

$$r = \frac{n \sum xy - \sum x \sum y}{\sqrt{\left[n \sum x^2 - \left(\sum x \right)^2 \right] \left[n \sum y^2 - \left(\sum y \right)^2 \right]}} \tag{3.1}$$

式中，n 表示信号中的数据点数量；x 表示第一信号的数据点；y 表示第二信号的数据点。

峰值信噪比（PSNR）的数学表达式为：

$$PSNR = 20 \lg \frac{MAX_f}{\sqrt{MSE}} \tag{3.2}$$

其中：

$$MSE = \frac{1}{n} \sum_{i=0}^{m-1} |x(i) - y(i)|^2 \tag{3.3}$$

式中，f 表示原始信号的矩阵；m 和 n 分别表示输入信号的行数和列数。

均方根（RMS）误差定义为：

$$RMS = \sqrt{\frac{\sum_{i=1}^{n} (x_i - y_i)^2}{n}} \tag{3.4}$$

平均绝对误差（MAE）定义为：

$$MAE = \frac{\sum_{i=1}^{n} |x_i - y_i|}{n} \tag{3.5}$$

绝对误差是测量值与真实值之间的偏离衡量或者测量值不确定性的指示：

$$绝对误差 = 真实值 - 测量值 \tag{3.6}$$

首先需确定绝对误差，才可计算相对误差。相对误差表示相对于被测量物体总尺寸的绝对误差大小。相对误差表示为分数或乘以 100 表示为百分数：

$$相对误差 = 绝对误差 / 已知值 \tag{3.7}$$

采用上述统计参数即可计算反演信号与原始信号之间的定量差异。

3.3　有限带宽反演

有限带宽反演是一种最古老的叠后地震反演方法，该方法将叠后地震数据作为输入，并转化为声阻抗。地下的声阻抗有助于地震资料解释和有利区带落实。此外，基于地质统计学等预测工具还可将此种阻抗转化为多种岩石物理参数。利用地震道与地震波阻抗之间的相关性，即可推导出有限带宽反演方法的数学方程（Ferguson 和 Margrav，1996；Maurya 和 Singh，2017）。声波阻抗 Z 与速度和密度的关系为：

$$Z = v\rho \tag{3.8}$$

如果 Z 已知，则可利用下式估算地层的反射系数：

$$r_j = \frac{Z_{j+1} - Z_j}{Z_{j+1} + Z_j} \tag{3.9}$$

式中，Z_j 为第 j 层的地震波阻抗；r_j 为第 j 层与第 $j+1$ 层之间界面的地震反射系数。

式（3.9）称为法向入射（垂直入射）反射公式，可改写为：

$$Z_{j+1}r_j + Z_j r_j - Z_{j+1} + Z_j = 0 \tag{3.10}$$

或

$$Z_{j+1} = Z_j \frac{1 + r_j}{1 - r_j} \tag{3.11}$$

如果将 $j=1$，2，3，4，$\cdots$，n 依次代入式（3.11），可得：

$$Z_2 = Z_1 \frac{1+r_1}{1-r_1}$$

$$Z_3 = Z_2 \frac{1 + r_2}{1 - r_2} = Z_1 \frac{1 + r_1}{1 - r_1} \frac{1 + r_2}{1 - r_2}$$

类似地：

$$Z_4 = Z_3 \frac{1 + r_3}{1 - r_3} = Z_1 \frac{1 + r_1}{1 - r_2} \frac{1 + r_2}{1 - r_2} \frac{1 + r_3}{1 - r_3} \tag{3.12}$$

因此，对于第 n 个值，式（3.9）可写为：

$$Z_n = Z_1 \frac{1 + r_1}{1 - r_1} \frac{1 + r_2}{1 - r_2} \cdots \frac{1 + r_{n-1}}{1 - r_{n-1}} \tag{3.13}$$

由式（3.13）可知，第一层的声波阻抗需基于目标区上方的连续层进行估计，随后再估计另一层的声波阻抗。因此，此种方法中第 j 层的阻抗计算公式为：

$$Z_{j+1} = Z_j \prod_{k=1}^{j} \frac{1 + r_k}{1 - r_k} \tag{3.14}$$

将式（3.14）除以 Z_j，并两边取对数，得到如下方程：

$$\ln \frac{Z_{j+1}}{Z_j} \leqslant \left(\sum_{k=1}^{j} \ln \frac{1 + r_k}{1 - r_k} \approx 2 \sum_{k=1}^{j} r_k \right) \tag{3.15}$$

随后，在 r 远小于 1 时，解式（3.15）成立，得到：

$$Z_{j+1} = Z_1 \exp \left(2 \sum_{k=1}^{j} r_k \right) \tag{3.16}$$

最后，将地震道模拟为刻度反射系数，则 $S_k = 2r_k/\gamma$，式（3.16）可写为：

$$Z_{j+1} = Z_1 \exp \left(\gamma \sum_{k=1}^{j} S_k \right) \tag{3.17}$$

利用式（3.17）对地震道进行积分，随后对结果求幂，得到一个阻抗道。有限带宽阻抗法采用此方程反演地震道（Waters 和 Waters，1987；Ferguson 和 Margrave，1996；Maurya 和 Sarkar，2016）。

由式（3.17）可知，地震数据的频率具有有限带宽，地震道直接反演为阻抗，因此反演阻抗也具有有限带宽性质。为了得到宽带频谱，反演结果加入了低频初始声波阻抗模型。第二章已讨论了低频声波阻抗模型的生成。有限带宽阻抗反演的一个重要限制是地震数据必须为零相位。因此，叠前地震数据需转换为零相位才能应用于有限带宽阻抗反演（Maurya 和 Singh，2015b）。如图 3.1 所示，有限带宽阻抗反演方法以地震数据和测井数据作为输入，输出结果为估算的声阻抗。此种方法非常快速，许多石油与天然气公司目前仍使用此方法以了解地下地质特征。

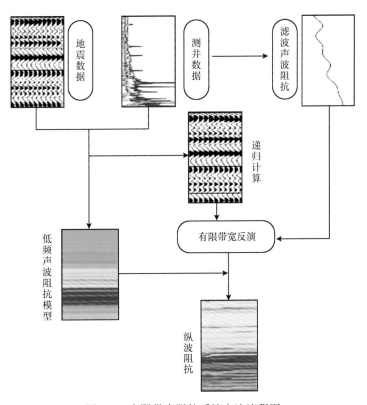

图 3.1　有限带宽阻抗反演方法流程图

3.3.1　基于合成数据的有限带宽反演应用

为了更清楚地理解有限带宽阻抗反演，下面将介绍一个合成地震数据的实例。合成地震数据为由与常规地震数据较为类似的 7 层（表 3.1）地层模型和 30Hz Ricker 子波生成的合成地震记录。模型中各层速度、密度及深度见表 3.1。图 3.2 为采用有限带宽阻抗反演方法所得到的反演结果。图 3.2a 为用于生成合成地震记录的地质模型；图 3.2b 为基于地质模型估计的反射系数；图 3.2c 为合成地震记录；图 3.2d 为原始阻抗与反演阻抗的对比，以及初始假想模型。如图 3.2 所示，反演阻抗与原始阻抗曲线的匹配度高，相关系数为 0.99，均方根误差为 0.067。该实例表明，有限带宽反演法能够很好地估算声阻抗，算法性能良好。

表 3.1　合成模拟的分层表

层	深度/m	V_P/(m/s)	V_S/(m/s)	密度/(g/cm³)
层 1	0~80	3500	2000	2.3
层 2	80~140	4000	2300	2.5
层 3	140~200	3300	1900	2.2
层 4	200~300	3800	2200	2.4
层 5	300~380	4400	2500	2.6
层 6	380~440	3400	1960	2.3
层 7	440~500	4100	2200	2.5

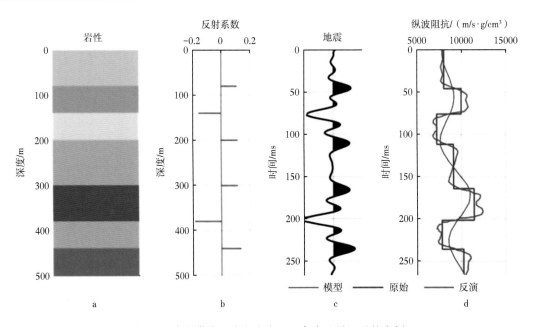

图 3.2　有限带宽反演方法应用于合成地震记录的实例

3.3.2　基于真实数据的有限带宽反演应用

基于真实数据的有限带宽反演应用实例为加拿大艾伯塔省的布莱克福特（Blackfoot）地区，主要用于估算地下声波阻抗。

有限带宽反演的输入数据为叠后地震数据和 13 口井的测井数据。该方法分两步进行：第一步提取井位附近的地震道且合并生成复合地震道，应用算法计算其声波阻抗；第二步反演整个地震体。上述步骤是执行反演的标准程序，此种方法耗时，因此需优化所有的反演参数。采用上述步骤的另一好处是有助于对真实数据的反演结果进行交叉验证，因为已知基于测井数据的声波阻抗，利用原始声波阻抗即可交叉验证反演声波阻抗。图 3.3 为 12 口井

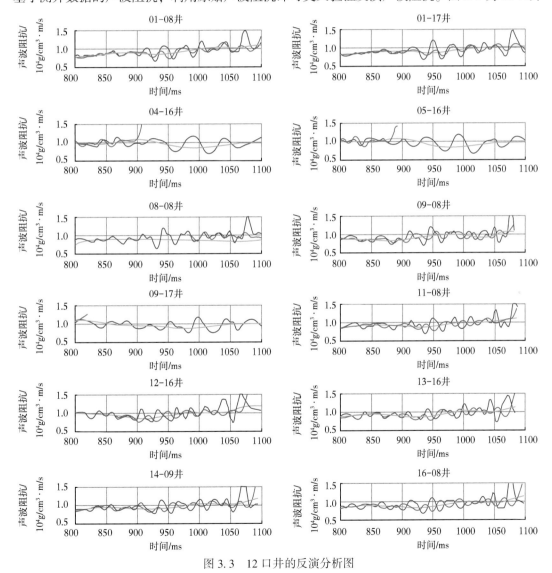

图 3.3　12 口井的反演分析图

红色曲线表示反演声波阻抗，蓝色曲线表示测井原始声波阻抗，黑色曲线表示初始声波阻抗模型

的反演声波阻抗与基于测井曲线的原始声波阻抗的对比结果。从图中可以看出，几乎所有井的反演声波阻抗都与测井曲线匹配度极高。

值得注意的是，个别测井曲线的相位匹配得并不好，但总体趋势匹配良好。

因此，需对反演结果进行质量检验，反演声波阻抗与原始声波阻抗的交会图如图 3.4 所示。这 12 口井的散点均位于最佳拟合线附近，表明反演结果良好。小簇散点数据远离最佳拟合线，这是因为某些地区的反演曲线相位不同。分析表明，此种方法适用于井旁复合地震道，得到了良好的地震体反演结果。

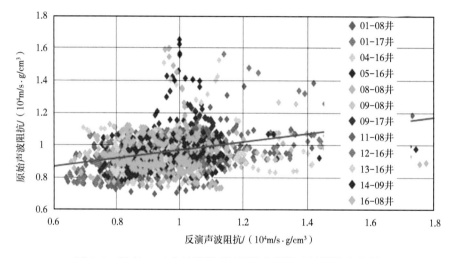

图 3.4　所有 12 口井的模拟声波阻抗和原始声波阻抗交会图

针对所有 12 口井，估算了反演声波阻抗与原始声波阻抗之间的相关系数和均方根（RMS）误差，结果如图 3.5 所示，表明有限带宽反演方法能具有定量性。所有 12 口井的平均相关系数为 0.89，平均均方根误差为 1123m/s·g/cm³，证明了该算法的良好性能。

此外，对布莱克福特地区三维数据体进行了全三维数据体反演，以估算井间区域的声波阻抗体。反演阻抗的剖面（主测线 28）如图 3.6 所示。从图中可以看出，垂向和横向的地下声波阻抗变化清晰可见。研究区的声波阻抗变化范围为 5000~20000m/s·g/cm³。图中显示了地下的高分辨率图像（与地震数据的低分辨率图像相比）。由于地震数据代表地层界面特性，而反演声波阻抗指示地层特性，因此反演剖面提高了可解释性。反演剖面上显示了良好的测井阻抗，再次证明两者之间匹配良好。反演剖面还显示 1060~1075ms 时间层段为低声波阻抗层（图中圆圈处），该层可能为砂质河道。

有时，此种反演方法可能会改变地震波谱的频率组成，因此解释反演剖面之前应先核实频率组成。如图 3.7 所示，尽管两者频率范围相同，但反演剖面的频率组成并不完全与输入数据相同。这也是有限带宽反演方法的一个缺点。

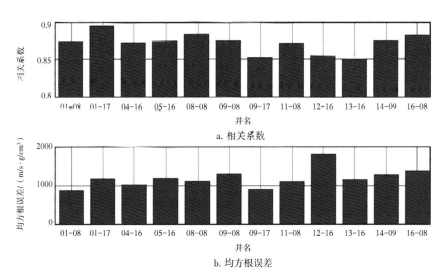

图 3.5　加拿大布莱克福特油田所有 12 口井的相关系数和均方根误差变化

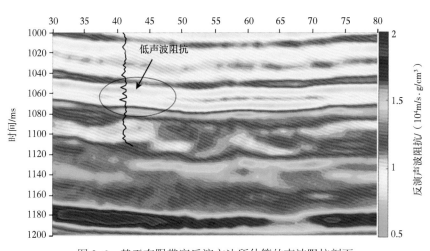

图 3.6　基于有限带宽反演方法所估算的声波阻抗剖面

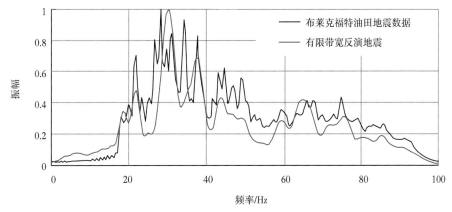

图 3.7　基于有限带宽反演方法的布莱克福特油田地震数据与反演合成地震的振幅频谱对比

3.4　有色反演

有色反演是将地震数据和测井数据结合转化为声波阻抗的一种叠后地震反演技术。地震有色反演比传统反演方法速度更快（Lancaster 和 Whitcombe，2000；Ansari，2014）。该方法由 Lancaster 和 Whitcombe 于 2000 年研发。地震有色反演是一个褶积过程，基于地震和测井频谱生成一个频率域的算子（**O**），并与地震道进行褶积，直接得到声波阻抗。一般用基于测井资料推导出的声波阻抗频谱来计算算子的频谱。该算子的相位为−90°，有助于与反射系数积分以产生阻抗（Lancaster 和 Whitcombe，2000；Brown，2004）。

有色反演的目的在于实现地震数据反演获得的平均频谱与测井数据得到的阻抗的平均频谱之间的近似匹配（Lancaster 和 Whitcombe，2000）。地壳的反射系数具有分形特征，由此产生的振幅频谱倾向于高频。如果无首选频率，则表现为白谱，但某些频率具有更多能量，则被称为有色谱（Swisi，2009；Maurya 和 Singh，2017）。

有色反演的主要过程在于设计有色算子。算子的推导步骤如下。

（1）利用研究区所有可用井的测井曲线计算声波阻抗，并生成声波阻抗频谱，随后对声波阻抗的振幅频谱拟合一条回归线，该回归线代表该地层的 $\ln I$—$\ln f$（阻抗的对数—频率的对数）的声波阻抗谱（图 3.8a）。

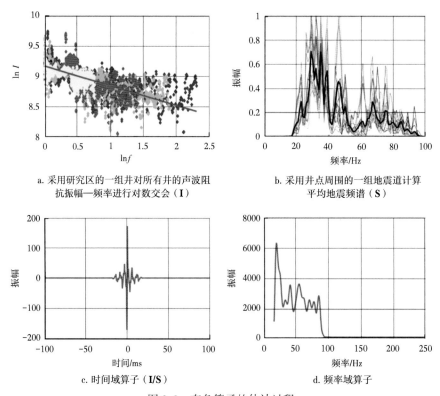

a. 采用研究区的一组井对所有井的声波阻抗振幅—频率进行对数交会（**I**）

b. 采用井点周围的一组地震道计算平均地震频谱（**S**）

c. 时间域算子（**I/S**）

d. 频率域算子

图 3.8　有色算子的估计过程

（2）计算井点附近的地震道频谱并选择其平均频谱作为地震平均频谱（图 3.8b）。随后，利用步骤（1）的测井频谱和步骤（2）的地震平均频谱计算算子的频谱。

（3）最终频谱–90°相移，以生成时间域的所需算子（图 3.8c）。

（4）应用频率域算子（经傅里叶变换得到）转换数据（图 3.8d）。

有色反演方法速度快，适用于三维数据集（Ansari，2014）。一般来说，传统反演方法耗时、昂贵，需要依托专家完成，没有形成固定的技术方法供一般地震解释人员复制实施，而有色反演方法快速、易用、廉价、稳定且无须专家支持（Maurya 和 Sarkar，2016）。图 3.9 为有色反演方法的流程图。如图所示，有色反演方法采用地震数据和测井数据，生成一个算子，随后应用该算子对地震道进行褶积，得到作为输出的声波阻抗。该方法非常简单和快速。但是某些学者认为（Russell，1988；Maurya 和 Singh，2018，2019；Maurya 等，2019），有色反演方法仅给出阻抗平均变化，因此不能用于定量解释。

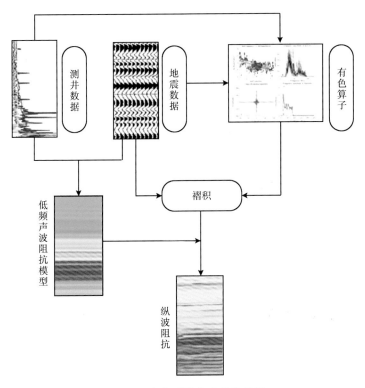

图 3.9　有色反演方法的流程图

3.4.1　基于真实数据的有色反演应用

下面以加拿大艾伯塔省布莱克福特油田的实际数据为例。有色反演的输入数据为叠后地震数据和 13 口井的测井数据。该方法首先应用于测试合成地震道，随后应用于三维地震体。研究区拥有 13 口井，因此提取了井点附近的 13 个地震道，并针对所有地震道逐一进行有色反演。图 3.10 为有色反演生成的反演声波阻抗与基于测井曲线的原始声波阻抗

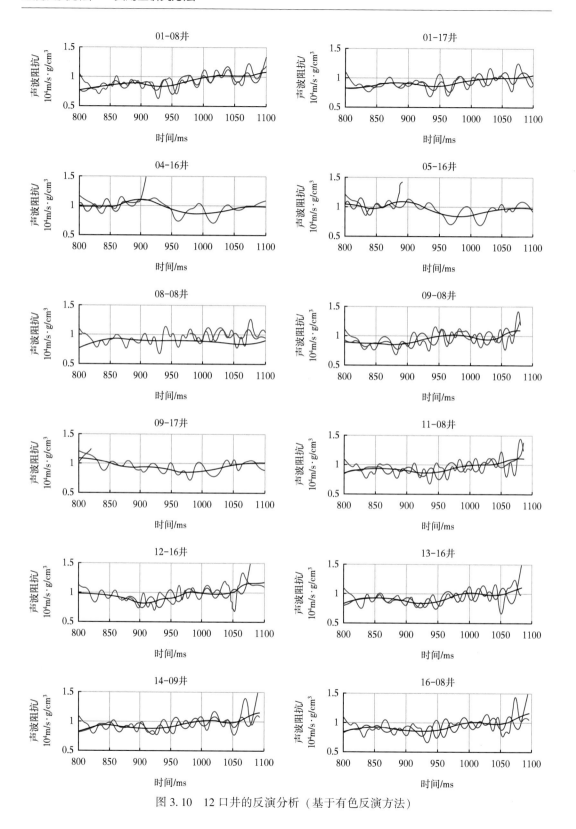

图 3.10　12 口井的反演分析（基于有色反演方法）

的对比结果，同时显示了初始声波阻抗假设模型。研究区共有 13 口井，但是为了简单起见，图中仅显示 12 口井的结果。如图所示，所有反演曲线均与测井曲线匹配极好，表明了此种算法的良好性能。

为了检验反演结果的质量，绘制了所有井的反演声波阻抗与原始声波阻抗交会图，如图 3.11 所示。随后，拟合了数据的最佳拟合直线，显示了远离最佳拟合线的散点变化。大部分散点位于最佳拟合线附近，说明反演数据点与原始数据点非常接近，表明有色反演方法性能良好。

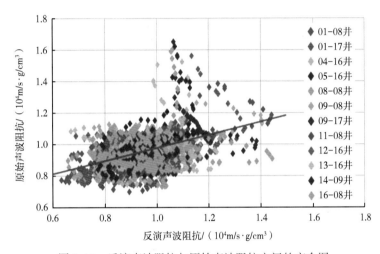

图 3.11　反演声波阻抗与原始声波阻抗之间的交会图

为了便于定量对比合成道的反演结果，提取了部分数值参数（图 3.11），其他参数见表 3.2。如图 3.12 所示，相关系数介于 0.86～0.89，平均值为 0.875；均方根误差介于 700～1400m/s·g/cm³，平均值为 1200m/s·g/cm³。

表 3.2　地震反演结果的定量对比

有色反演						
属性	储层段	有色反演 相关系数	均方根误差/ m/s·g/cm³	峰值信噪比	平均绝对误差	绝对误差和
声波阻抗	$6.5 \times 10^3 \sim 8.0 \times 10^3$	0.84	1.5×10^3	15.2	1×10^3	8×10^4
振幅频谱	—	0.93	0.1	70.4	0.0	10.0

随后，进行全三维反演运算，估算完成井间区域的声波阻抗。有色反演分析所用的参数如下：

（1）有色反演初始化，12 个数据对；

（2）处理采样率为 2ms；

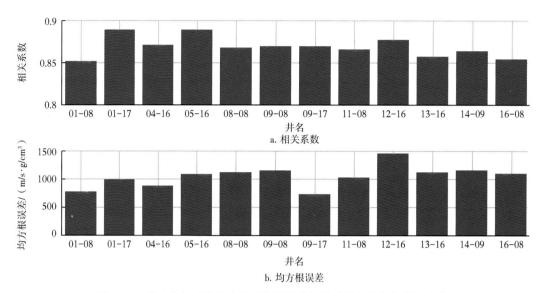

图 3.12　基于有色反演方法的反演结果的相关系数和均方根误差变化

（3）反演阈值为 20；

（4）算子长度为 200；

（5）尖灭长度为 50；

（6）回归线截距为 5.92741，梯度为 -0.733055。

主测线 27 的反演声波阻抗剖面如图 3.13 所示。剖面显示了地层水平和垂直声波阻抗变化，与地震剖面相比分辨率极高。该区域的声波阻抗变化范围为 $5000 \sim 17000 \mathrm{m/s \cdot g/cm^3}$。反演声波阻抗剖面解释的主要优点在于信息具有分层性，而地震剖面仅提供界面信息。为

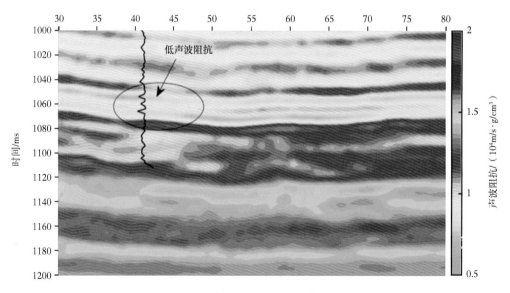

图 3.13　基于有色反演方法的反演声波阻抗剖面

了交叉验证结果，将测井声波阻抗曲线叠加在反演声波阻抗剖面上。如图 3.13 所示，测井曲线与反演声波阻抗剖面匹配良好。由图可见，随着深度增大，阻抗差增大，其原因在于随深度增大，速度和密度增大；1060~1075ms 时间层段明显可见低阻抗异常。此外，与地震剖面相比，反演剖面易于解释。这就是勘探公司更频繁地使用此类反演技术的原因。然而，就有利区带优选而言，有色反演方法是最佳方法，原因在于该方法耗时少、专业知识需求少。

为了检验反演合成地震的频率组成变化，输入布莱克福特地震原始数据与反演合成的地震振幅频谱。对比结果如图 3.14 所示，虽然反演合成地震记录的振幅频谱与输入地震道的振幅频谱范围相同，但两者并不匹配。上述对比结果表明，反演过程中有色反演方法的频率组分完全畸变，因此反演结果的解释仅局限于定性分析。与有限带宽反演方法相比，有色反演方法的频率畸变更大，这是地震有色反演方法的缺点。

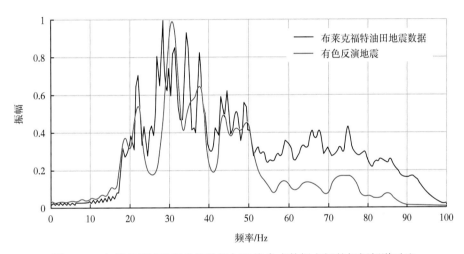

图 3.14 布莱克福特油田地震数据与反演合成数据之间的振幅频谱对比

本节给出了有色反演方法的简单描述和应用。文献中将此种方法称为鲁棒过程，但是该方法对所选频率范围敏感。尽管如此，有色反演方法仍具有简单、快速等特点，可为解释者提供有用信息的地下图像。

3.5 基于模型的反演

基于模型的反演是地球科学领域一种非常著名的叠后反演方法。基于模型的反演的基本概念是假定一个 P 波阻抗的低频模型，随后对该模型进行扰动，直到地震道与估算合成地震道之间实现良好匹配。这里假设了所提取的地震子波是最符合地震剖面特征的。地震子波作信号来源，是大多数反演技术所必需的（Leite，2010；Maurya 和 Singh，2015）。基于模型的反演技术主要基于褶积理论，该理论认为，地震道就是子波与一系列地层反射系数的褶积并加入噪声（Russell，1988；Mallick，1995），表示为：

$$S(t) = W(t) * r(t) + n(t) \qquad (3.18)$$

式中，$S(t)$ 为地层地震道；$W(t)$ 为子波；$r(t)$ 为地层反射系数；$n(t)$ 代表噪声组分，为了简单起见，有时假设为 0；$*$ 为褶积过程。

如果数据中的噪声与地震信号不相关，则可求解地层反射系数函数得到地震道（Stull，1973；Russell，1988）。

基于模型的反演的主要优势在于此种方法涉及地质模型的更新，而非地震数据的直接反演。其优点在于地震数据所存在的各种噪声并未纳入反演结果，而其他反演方法则需转换主信号（具有传输损失、球面扩散、干扰信号等）（Ferguson，1996）。

依据解决问题的不同，此种方法需解决两个问题，一是模型与地震资料之间的基本数学关系是什么，二是如何更新假设模型。为了回答上述问题，采用了两种不同的方法，即广义线性反演（GLI）和地震岩性模拟（SLIM）方法。下面将简要讨论相关方法。

3.5.1　广义线性反演方法

用广义线性反演方法的理论进行基于模型的反演，其基本思路是给定一组地球物理观测数据，广义线性反演方法将找到在最小二乘法意义上最适合观测值的地下地质模型（即声波阻抗）。广义线性反演方法由 Coke 和 Schneider（1983）研发，目前已广泛应用，其数学表达式如下。

如果观察值可表示为向量形式，则 k 模型的参数可表示为如下向量形式：

$$M = (m_1, m_2, \cdots, m_k)^{\mathrm{T}} \qquad (3.19)$$

则 n 个数据点的观测值可表示为如下向量形式：

$$T = (t_1, t_2, \cdots, t_n)^{\mathrm{T}} \qquad (3.20)$$

因此，模型参数与观测值之间的关系可表示为如下函数形式：

$$t_i = F(m_1, m_2, \cdots, m_k), \quad i = 1, \cdots, n \qquad (3.21)$$

如果能推导出模型参数与观测值之间的函数关系，则可生成任意一组模型参数作为输出。广义线性反演通过分析模型参数与观测值之间的误差，随后对模型参数进行扰动，以生成更小误差的输出，从而消除试错需求（Yilmaz，2001）。通过上述方式，实现迭代求解。在数学上，观测值可表示为正演模型的泰勒（Taylor）级数展开：

$$F(M) = F(M_0) + \frac{\partial F(M_0)}{\partial M_0} \Delta M + \frac{\partial^2 F(M_0)}{\partial M_0^2} \Delta M^2 + \cdots \qquad (3.22)$$

式中，M_0 为初始假想模型；M 为真实地球的地下模型；ΔM 为模型参数变化；$F(M)$ 为观测值；$F(\boldsymbol{M}_0)$ 为初始假想模型的计算函数值；$\partial F(\boldsymbol{M}_0)/\partial \boldsymbol{M}$ 为计算值或灵敏度矩阵的变化（Russell，1988）。

式（3.22）线性化后的形式为：

$$F(\boldsymbol{M}) = F(\boldsymbol{M}_0) + \frac{\partial F(\boldsymbol{M}_0)}{\partial \boldsymbol{M}_0}\Delta \boldsymbol{M} \tag{3.23}$$

式（3.23）中，$F(\boldsymbol{M})-F(\boldsymbol{M}_0)$ 称为误差向量，由研究区观测地震道减去合成地震道产生。

同样，观测值与计算值之间的误差向量可表示为：

$$\Delta F = F(\boldsymbol{M}) - F(\boldsymbol{M}_0) \tag{3.24}$$

式（3.24）可改写为如下矩阵形式：

$$\Delta F = \boldsymbol{G}\Delta \boldsymbol{M} \tag{3.25}$$

式中，$\boldsymbol{G}$ 为矩阵导数（n 行和 k 列）。

此误差具有随迭代次数增加呈近似指数递减趋势，但条件是初始假想模型处于收敛范围内。迭代一直持续至误差降到某个预先确定的水平以下。式（3.25）的解可写成如下形式：

$$\Delta \boldsymbol{M} = \boldsymbol{G}^{-1}\Delta F \tag{3.26}$$

式（3.26）是一个超定情况，原因在于通常观察值数量多于参数数量，矩阵 $\boldsymbol{G}$ 通常并非矩形矩阵，因此无法估计真正的 $\boldsymbol{G}$ 矩阵逆（Quijada，2009）。为了解决上述问题，可使用最小二乘解，也称为马夸特—莱文伯格（Marquart-Levenburg）方法。采用此种方法，式（3.25）的解可写成如下形式：

$$\Delta \boldsymbol{M} = (\boldsymbol{G}^{\mathrm{T}}\boldsymbol{G})^{-1}\boldsymbol{G}^{\mathrm{T}}\Delta F \tag{3.27}$$

然而，必须推导出模型参数与观测值之间的函数关系（相互关联的必要条件）。最简单的解决方法是褶积模型，可表示为：

$$S(t) = W(t) * r(t) \tag{3.28}$$

Coke 和 Schneider（1983）并未直接使用式（3.28），原因在于该方程未包括多次波、传输损耗等。Coke 和 Schneider（1983）使用了修正后的式（3.28）。该解决方案的主要优点在于加入了多次波和传输损耗，但二者并未纳入模型参数，而是在计算地震响应时进行了模拟（Russell，1988）。这是广义线性反演的一大优势，因此基于模型的反演方法优于前文讨论的递归方法，原因在于此类方法的解包含了多次波和传输损耗（如果数据包含此类信息）。图 3.15 为广义线性反演方法的流程图。

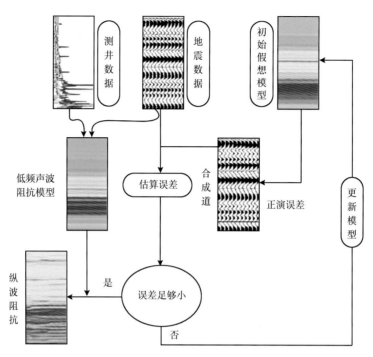

图 3.15　基于模型的反演方法的流程图

基于模型的反演技术流程如下（Ferguson 和 Margrave，1996）：

（1）基于测井数据计算井点的声波阻抗，同时通过拾取解释地震层位，建立研究区井间模型的构造信息（Bosch 等，2010）。

（2）在所拾取的地震层位约束下采用克里格插值技术，获得初始声波阻抗模型（Maurya 和 Singh，2015）。

（3）从地震剖面提取统计子波，并与地层反射系数（由初始声波阻抗模型产生）进行褶积，得到合成地震道。此种合成地震道不同于实际地震道。

（4）采用最小二乘优化方法使真实反射剖面与模拟反射剖面之间的差异最小。通过估计合成地震道与真实地震道之间的偏差，修正块大小和振幅来减小误差（Brossier 等，2015；Maurya 和 Singh，2017）。

3.5.2　地震岩性模拟

Cooke 和 Schneider（1983）论述了地震岩性方法，但是所研发的方法并未商业应用，原因在于无法确保持续取得良好的效果。然而，西方地球物理公司（WGC）研发了一种类似的地震岩性模拟技术，并作为基于模型反演技术的一部分已投入商业应用。西方地球物理公司所研发的算法尚未完全公布，因此其背后的数学理论并不为公共领域所知。地震岩性模拟技术涉及扰动模型，而非直接反演地震数据。

地震岩性模拟的流程图如图 3.15 所示。该技术的基本思想在于生成原始地质模型，并与地震剖面进行比较，类似于广义线性反演。沿地震测线的不同控制点，将模型描述为一系列具有不同速度、密度以及厚度的层。与此同时，提供地震子波或估计地震子波。随后，将合成模型与地震数据进行对比，计算最小平方误差的大小。持续采用上述方法，对模型进行扰动，使误差减小，直至收敛。

该方法的技术限制少，并可集成各种来源的地质数据。与传统的递归技术相比，该技术的主要优点在于反演过程未引入噪声。

3.5.3　基于模型的反演在合成数据中的应用

本书给出两个实例以检验基于模型的反演方法估计声波阻抗的能力，一个实例为合成数据，另一个实例为加拿大布莱克福特油田的真实数据。为了生成合成地震记录，利用速度和密度作为地质模型，见表 3.1。随后，将 30Hz Ricker 子波与反射系数进行褶积，生成 7 层地质模型的合成地震记录。图 3.16 为 7 层地质模型的反演结果。图 3.16a 为假设地质模型，图 3.16b 为基于给定速度和密度组合所计算的反射系数，图 3.16c 为 30Hz Ricker 子波与反射系数褶积生成的合成地震记录，图 3.16d 为反演声波阻抗与真实声波阻抗之间的对比。如图所示，反演声波阻抗与真实声波阻抗趋势匹配良好。反演声波阻抗与真实声波阻抗之间的相关系数为 0.99，均方根误差为 0.023m/s·g/cm³，表明该算法具有良好的性能。

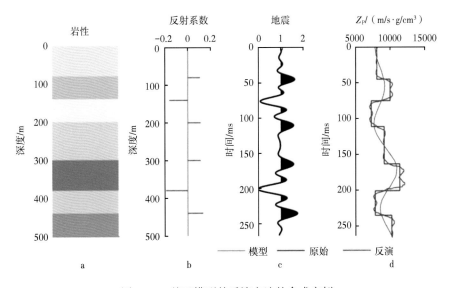

图 3.16　基于模型的反演方法的合成实例

3.5.4　基于模型的反演在真实数据中的应用

基于真实数据的实例应用分两步，第一步提取井点附近的合成地震道并应用基于模型的反演方法，第二步将其应用于三维数据体以获得井间区域的声波阻抗。图 3.17 为合成

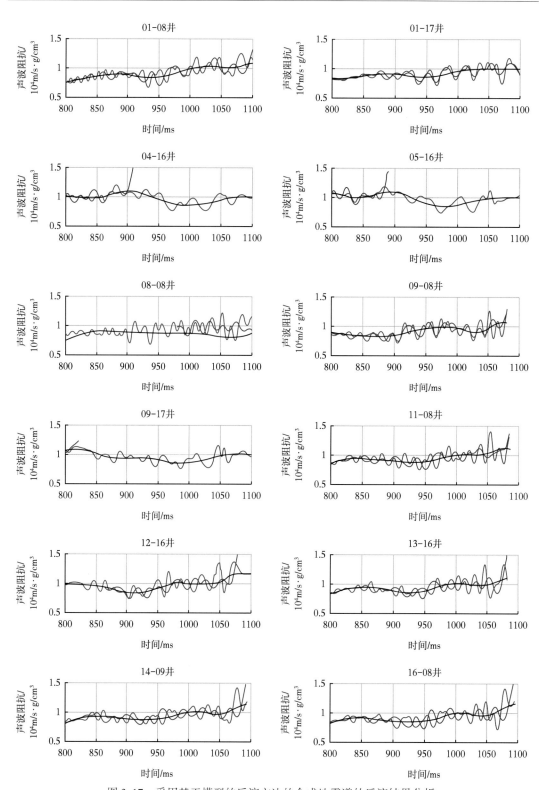

图 3.17 采用基于模型的反演方法的合成地震道的反演结果分析

地震道的反演结果。如图所示，12 张子图分别对应于 12 口不同井的曲线。每张子图包括三条曲线，黑色曲线表示初始假想模型，蓝色曲线表示真实声波阻抗，红色曲线表示反演声波阻抗。合成地震道的分析结果表明，所有井的反演结果均与原始声波阻抗趋势匹配良好。由于可以从测井数据计算真实的声波阻抗，因此井旁合成地震道的效果分析对于相互验证反演结果的有效性极其重要。

所有井的反演声波阻抗与原始声波阻抗的交会图如图 3.18 所示。对数据拟合得到一条最佳拟合直线，其偏差反映了反演结果的质量。如果所有点均位于拟合线上，则表明反演结果与原始数据相同；如果偏差较小，则表示原始数据点与反演数据点之间的差异较小。如图 3.18 所示，大部分数据点均位于最佳拟合线附近，证明反演结果良好。

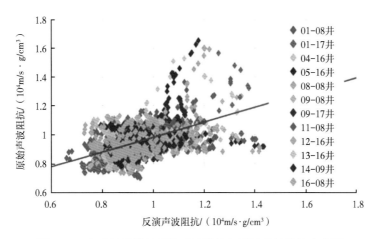

图 3.18　合成地震道的反演声波阻抗与原始声波阻抗交会图

相关系数和均方根误差是区分两个相似信号之间差异的基本参数，其变化如图 3.19 所示。由图可见，相关系数极高，均方根误差极低。相关系数介于 0.997～0.995，平均值为 0.99；均方根误差介于 700～1100m/s·g/cm^3，平均值为 920m/s·g/cm^3。其他统计参数见表 3.3。相关数值表明基于模型的反演方法具有很高的可行性。

表 3.3　地震反演结果的定量对比

基于模型的反演					
属性	储层段/ms	有色反演相关系数	均方根误差/m/s·g/cm^3	峰值信噪比	平均绝对误差	绝对误差和
声波阻抗	6300～8000	0.86	2×10^3	17.9	1.6×10^3	1.1×10^5
振幅频谱	—	0.99	0.0	80.1	0.0	2.7

如上所述，合成数据的反演结果非常准确，并给出了令人满意的合成地震道结果，因此，可以将基于模型的反演方法应用于真实三维地震体，以估算声波阻抗体。基于模型的反演所用的参数如下：

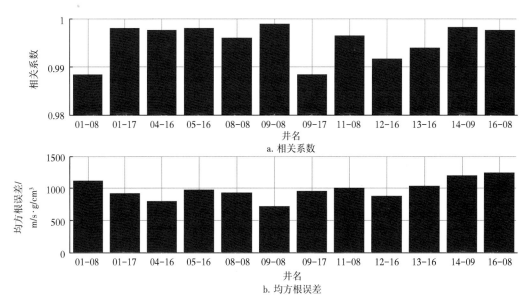

图 3.19 基于模型的反演结果的相关系数和均方根误差变化

（1）反演时间间隔为 300～1100ms；

（2）迭代次数为 20；

（3）分离尺度；

（4）阻抗变化约束为±30%；

（5）高切频率为 12Hz。

图 3.20 为主测线 28 的反演声波阻抗剖面。与仅能显示反射界面性质的地震剖面相

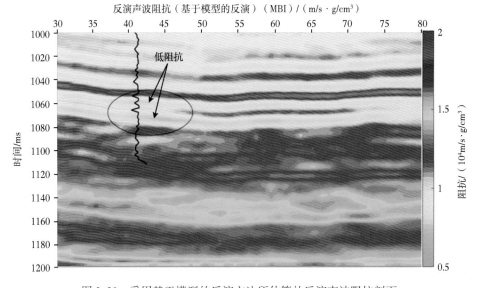

图 3.20 采用基于模型的反演方法所估算的反演声波阻抗剖面

比，该剖面所显示的地层分辨率极高。这里对地震剖面做了简单解释。为了相互验证反演结果，反演剖面上显示了 08-08 井的声波阻抗，并发现两者匹配良好。值得注意的是，研究区的声波阻抗介于 6000~16000m/s·g/cm³。声波阻抗在垂向和横向变化，也适用于探测地下的断层面、背斜、向斜等。反演剖面检测到 1060~1075ms 时间层段附近的低阻抗异常，可能为砂质河道。测井资料中也可见该低阻抗层段。

随后，为分析反演剖面的频带变化，对反演合成地震道的振幅频谱与输入地震数据的振幅频谱进行了对比，如图 3.21 所示。如图所示，反演合成地震道的振幅频谱与布莱克福特油田地震数据的振幅频谱基本吻合。与其他反演方法相比，这是采用基于模型的反演方法的最大优势。从与前几节的对比中可以看出，有限带宽反演和有色反演的反演频谱与原始输入地震数据的振幅频谱有不一致的地方，但是基于模型的反演方法地震频谱基本一致。其原因在于，基于模型的反演方法未直接使用地震数据作为输入，而其他反演方法直接使用地震数据作为输入，在数学运算过程中改变了频率组分。

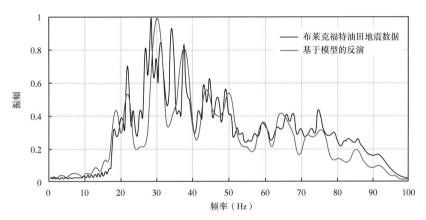

图 3.21 布莱克福特油田地震数据（应用基于模型的反演方法之前）
与反演合成数据之间的振幅频谱对比

基于模型的反演方法具有较为复杂的数学背景，但易于应用于真实油田数据。基于模型的反演方法是目前最常用的叠后地震反演方法，其反演结果可用于定量解释。非唯一性是所有反演方法都面临的一个问题，因此采用低频模型以约束反演结果。相对而言，基于模型的反演方法耗时较长，因此需要定量分析声波阻抗变化时才采用此种方法。如上述布莱克福特油田的实例所示，与其他叠后反演方法相比，基于模型的反演方法所得的反演剖面具有极高的分辨率，有助于有利勘探区的解释。当然，确定有利勘探区时不能仅依靠声波阻抗剖面的解释，还需获得更多的岩石物理参数，也可借助于其他预测手段获取其他类型的岩石物理参数，其中一种预测工具就是地质统计学方法，目前已广泛应用于地球物理领域。该方法的详细讨论见第 8 章。下面将讨论另一种非常重要的叠后反演方法，即稀疏脉冲反演。

3.6 稀疏脉冲反演

稀疏脉冲反演方法是 20 世纪 80 年代发展起来的另一种叠后反演方法（Zhang 等，2016），目前已成为预测岩石物理参数的常用方法。稀疏脉冲反演首先假设地层的地震波反射是由大反射脉冲和小脉冲背景组成的。就岩性而言，大脉冲的地质意义对应于不整合面，因此稀疏脉冲法试图找到大脉冲，而忽略小脉冲（Bosch 等，2010；Maurya 和 Singh，2015；Maurya 和 Sarkar，2016）。该过程类似于基于模型的反演方法，先假设一个简单的地层反射系数模型，并通过与提取的统计子波进行褶积而计算合成地震道，然后估计合成地震道与地震数据之间的误差，并通过向反射系数添加更多数量的脉冲而实现误差最小化（Debeye 和 Riel，1990）。低频模型由来自地质模型的测井声波阻抗建立，当稀疏脉冲反演受低频模型约束时，通常称其为基于模型的反演（Russell，1988）。

稀疏脉冲反演的目的是从地震资料获取声波阻抗体。反演获取的阻抗体具有宽频频谱，时间域上表现为与岩性直接相关块状地层结构。地震资料的带宽一般为 10~80Hz，缺乏高频、低频组分。为了获得宽频谱的反演阻抗体，通常需利用测井资料获得这部分附加信息。由于输入地震的有限带宽性质，稀疏脉冲解决方案本身并不能形成任何低频组分，因此反演模型的低频趋势需要由初始模型导入。采用反馈机制的递归方法能够产生更理想的输出。因不同地震道间的反演结果可能出现巨大差异，进而导致输出的可靠性变差，所以引入低频声波阻抗变化趋势，还能使得到的反演结果更合适地质规律，并使不同地震道间的反演结果具有更好的一致性。以低频模型作为反演进程的约束选项，而低频变化来自测井曲线的低频滤波，因而得到了更好的反演结果。通过反演就能将拟声波阻抗道替代每个 CDP 地震道。

图 3.22 为稀疏脉冲反演方法的流程图，其中包含两种反演。基于误差最小化，将稀疏脉冲反演方法分为两大类。第一种方法称为线性规划反演（LPI），该方法使用 l_1 范数解来实现；第二种方法称为最大似然反演（MLI），该方法使用 l_2 范数解来实现（Russell，1988；Sacchi 和 Ulrych，1995；Zhang 和 Castagna，2011）。下面章节将简要介绍相关方法。

3.6.1 最大似然反演

最大似然反演首先进行最大似然反褶积，以估算地层的反射系数，随后将其转化为最大似然反演的声波阻抗。最大似然反褶积的基本假设与稀疏脉冲反演方法相同，认为地层的反射系数表现为一系列大脉冲叠加于背景小脉冲之上。但是与脉冲反褶积相反，脉冲反褶积假设的反射系数完全是随机分布的。

基于上述关于模型参数的假设，即可推导出一个目标函数，通过函数最小化以获得最佳或最有可能的反射系数（Kormylo 和 Mendel，1983；Mendel，2012）。值得注意的是，该

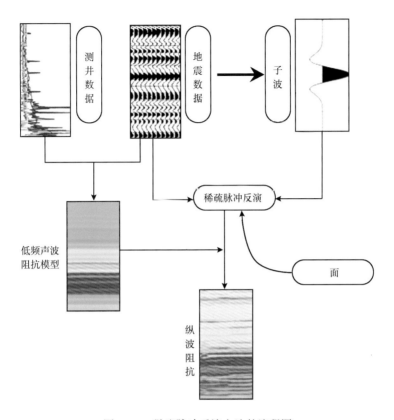

图 3.22　稀疏脉冲反演方法的流程图

方法同时给出了稀疏反射系数和子波的估计值。

　　将由反射系数和噪声组成的目标函数进行最小化运算，可以生成符合统计假设的反射系数和子波组合（Russell，1988；Li 和 Speed，2004；Maurya 和 Singh，2018）。目标函数 E 为：

$$E = \sum_{k=1}^{L} \frac{r_k^2}{R^2} + \sum_{k=1}^{L} \frac{n_k^2}{N^2} - 2m\ln\lambda - 2(L-m)\ln\lambda \qquad (3.29)$$

式中，r_k 为第 k 个界面的反射系数；m 为反射总数；L 为样本总数；R 为大脉冲的均方根；N 为噪声方差的均方根；n_k 为第 k 个样本的噪声；λ 为某一给定样本具有反射的可能性。

　　从数学上讲，目标函数的期望值可用上述参数表示。因未对子波做任何假设。反射系数序列假设具有稀疏性，这意味着脉冲的期望数量受控于参数 λ，即非零脉冲的期望数量与地震道样本总数的比率。通常，λ 是一个比 1 小得多的数（Hampson 和 Russell，1985）。描述期望值行为所需的其他参数是 R（大脉冲的均方根）和 N（噪声的均方根）。指定上述参数后，即可检查任何给定的反褶积解，以确定是否有可能成为使用上述参数的统计过程结果。例如，如果反射系数估计的脉冲数量远大于预期数量，则属于一个不太可能的结果。

简单地说，目的在于找到一个解，使其反射系数具有最小脉冲数量和最低噪声组分。值得注意的是，当具有最小脉冲结构时，其目标函数确实是最小值。

当然，可能存在无限数量的可能解，此时将耗费过多计算机时间以查看每一个解。因此，需采用一种更简单的方法得到答案。本质上，从稀疏反射系数的初始子波估算值开始，改进子波并重复这一步骤，直至达到一个可接受的低目标函数（Mendel，2012）。其过程为：得到子波估算值，更新反射系数；随后，得到反射系数估算值，更新子波。

通过最大似然反褶积得到反射系数之后，就能将其转化为相对于反射系数更有意义的声波阻抗（Goutsias 和 Mendel，1986）。此种转换可通过两种方式实现。第一种方法利用反射系数与声波阻抗之间的直接关系估算声波阻抗（Velis，2006，2007；Maurya 和 Sarkar，2016），表达式为：

$$Z_{j+1} = Z_j \prod_{k=1}^{j} \frac{1 + r_k}{1 - r_k} \tag{3.30}$$

但是式（3.30）存在一个限制，如果数据包含显著噪声，则无法正确实现转换，原因在于此种关系未包括任何噪声组分。第二种方法适用于解决上述问题，利用反射系数剖面（包括噪声组分）生成声波阻抗，进而给出完整频谱（Russell，1988；Wang 等，2006；Zhang 等，2016）。方程如下：

$$\ln Z(i) = 2H(i) * r(i) + n(i) \tag{3.31}$$

式中，$Z(i)$ 为已知声波阻抗趋势；$r(i)$ 为地层反射系数；$n(i)$ 为输入趋势中的噪声；$H(i)$ 为下式所定义的因子：

$$H(i) = \begin{cases} 1, & i < 0 \\ 0, & i > 0 \end{cases} \tag{3.32}$$

下面将介绍最大似然反演法的实例。该实例基于加拿大艾伯塔省布莱克福特油田的真实数据。

最大似然反演的目的是利用地震数据结合测井资料估算出声波阻抗。与其他反演方法一样，最大似然反演分为两步：第一步为井点附近的合成地震道反演，第二步是整个地震体反演。图 3.23 为 12 口井的反演声波阻抗与测井阻抗对比图。图中黑色实线为初始假设阻抗，蓝色实线为测井声波阻抗曲线，红色实线为反演声波阻抗曲线。如图 3.23 所示，反演阻抗与测井阻抗非常吻合。并非所有井的测井数据均从地面记录至井底，因此部分井的可用测井数据仅限于 1000~1100ms 时间层段。

随后，为了检验反演结果的质量，将 12 口井的反演声波阻抗与实际声波阻抗进行交会，如图 3.24 所示。散点分布显示了反演结果的质量检测效果，从而体现了最大似然反演的性能。通过与原始数据的样本比较，发现反演数据点非常接近代表样本的最佳拟合曲线，说明了最大似然反演算法的良好性能。

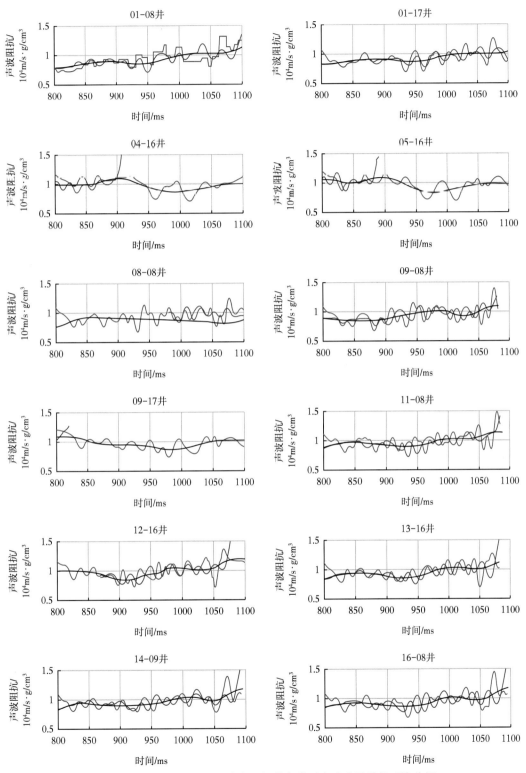

图 3.23　基于最大似然反演方法的井点附近合成地震道的反演分析

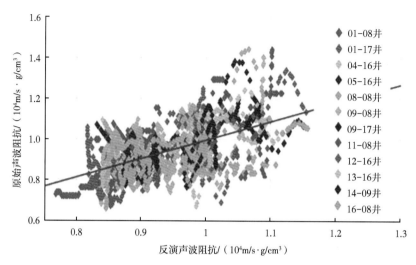

图 3.24　合成地震道的反演声波阻抗与基于测井数据的原始声波阻抗之间的交会图

截至目前，反演结果都属于定性的相互验证，但是下面的分析将扩展至定量对比，以便于准确界定反演结果与原始结果之间的差异。

就合成数据而言，估算的相关系数和均方根（RMS）误差如图 3.25 所示。图 3.25a 是相关系数变化，图 3.25b 是所有井的均方根误差。相关系数介于 $0.96 \sim 0.98$，平均值为 0.975，均方根误差介于 $1000 \sim 2100 \mathrm{m/s \cdot g/cm^3}$，平均值为 $1300 \mathrm{m/s \cdot g/cm^3}$。上述数值表明，该算法能搜索到最优解。

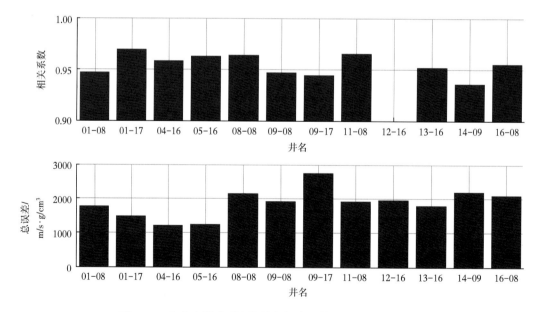

图 3.25　合成地震道反演结果的相关系数和均方根误差变化

　　截至目前，上述分析仅局限于点，但是反演目的在于分析地下声波阻抗在垂直和水平方向的变化。因此，将最大似然反演应用于三维地震体，以估算井间区域的声波阻抗。所用实例数据来自加拿大布莱克福特油田。反演声波阻抗的地震剖面如图 3.26（主测线 28）所示。反演声波阻抗剖面突出显示了特定特征。反演曲线显示了地下的极高分辨率图像。剖面上显示测井声波阻抗，表明两者之间匹配良好。研究区的声波阻抗变化范围为 6000～16000m/s·g/cm³。反演声波阻抗剖面的分析结果表明，1060　1075ms 时间层段存在低声波阻抗异常（一般为 6000～9000m/s·g/cm³）。

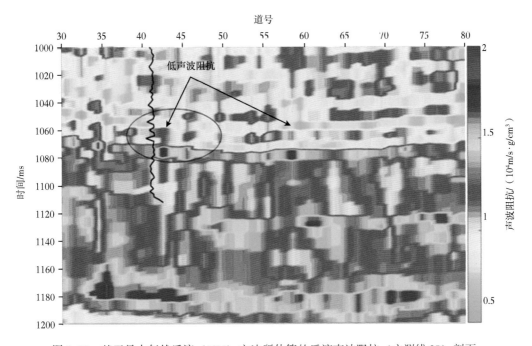

图 3.26　基于最大似然反演（MLI）方法所估算的反演声波阻抗（主测线 28）剖面

　　图 3.26 显示了输入的地震数据和反演合成的地震数据振幅频谱的频率对比。两类数据的振幅频谱非常匹配，因此认为最大似然反演方法与基于模型的反演方法一样，保留了所有的频率组成。这是最大似然反演方法相对于其他反演方法的巨大优势。由图可见，在较低频率段，反演振幅与地震振幅精确匹配；而对于较高频率（>80Hz）段，振幅频谱与布莱克福特油田的实际地震振幅略有偏差，其原因在于最大似然反演算法扭曲了振幅频谱，尤其是较高频率（图 3.27）。

　　时间切片包括多个反射层的同向轴。时间切片上同向轴的高频率变化代表同向轴陡倾或者同向轴本身的高频率特性。因此，基于同向轴的高频特征即可推断为一个高倾角地层，而低频特征对应于地层的平缓落差。此外，时间切片可追踪验证与反射层相关的等高线。如果浅层时间切片和深层时间切片之间的等高线窄，则对应于低幅度构造。与此相反，如果浅层时间切片和深层时间切片之间的等高线变宽，则对应于高幅度构造。

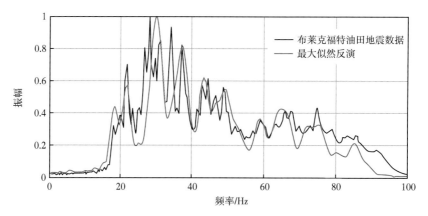

图 3.27　布莱克福特油田地震数据与反演合成地震数据之间的振幅频谱对比

图 3.28 为 1065ms 的声波阻抗时间切片。该切片显示了地下声波阻抗的水平变化。切片是分析声波阻抗水平变化的一个非常重要的步骤，进而分析潜在的储层横向变化。图 3.28 为预期储层的横向变化（对应于上述几乎所有反演结果的垂向声波阻抗剖面所预测的储集层段），即 SW—NE 向展布的低声波阻抗储层发育带。

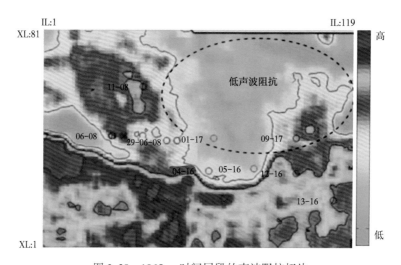

图 3.28　1065ms 时间层段的声波阻抗切片

3.6.2　线性规划反演

线性规划反演方法是另一种稀疏脉冲反演方法，可用于估算地层反射系数，以最小脉冲数量逼近地震数据（Li，2001；Russell 和 Hampson，1991；Maurya 和 Singh，2015）。线性规划反演方法采用 l_1 范数（线性规划）的对数来估算地下的声波阻抗（Loris 等，2007；Zhang 等，2016）。线性规划反演方法期望通过去除地震数据的子波效应，进而增加反演结果的频带，从而最大限度地提高数据的垂向和水平分辨率，也能最大限度地减小调谐效应

（Helgesen 等，2000）。

线性规划稀疏脉冲反演的数学背景由 Qing Li 研发（Li，2001；Sacchi 和 Ulrych，1995，1996）。地震反演技术的目的在于寻找地下模型，即本次研究的反射系数 $r(t)$，假设地震数据 $S(t)$ 和震源子波 $w(t)$ 为输入，随后计算声波阻抗 $Z(t)$。数据 $\boldsymbol{d} = (x_1；x_2；\cdots)$、模型参数 $m = (r_1；r_2；\cdots)$ 以及噪声 n 之间的相互关系如下：

$$Lm + n = d \qquad (3.33)$$

式中，L 是算子。

一般来说，观测值 d 已知，则利用概率 $p(m \mid d)$ 定义地下模型（Li，2001；Sacchi 和 Ulrych，1995）。利用贝叶斯公式，该概率可表示为：

$$p(m \mid d) = \frac{p(d \mid m)p(m)}{p(d)} \qquad (3.34)$$

式中，$p(m \mid d)$ 表示获得数据的概率或可能性；$p(m)$ 为模型的先验概率；$p(d)$ 为数据的似然函数并作为归一化因子进入问题；$p(m \mid d)$ 为模型的后验概率（Barrodale 和 Roberts，1973，1978）。

采用 MAP 解（m_{MAP}），使得后验概率 $p(m \mid d)$ 最大化。目标函数的选择如下：

$$E = -\lg p(m \mid d) = \lg p(d \mid m) - \lg p(m) \qquad (3.35)$$

式（3.35）中，$p(d)$ 是一个常数，为简单起见而省略。模型的先验知识一般以全局约束 $S(m)$ 的形式给出。随后，利用最大熵原理计算先验概率（Debeye 和 Riel，1990；Sacchi 和 Ulrych，1995）。

考虑具有概率密度函数 $p(m)$ 的连续模型参数 m。熵 h 由下述方程给出：

$$h = \int p(m) \lg p(m) dm \qquad (3.36)$$

式（3.36）表示与分布 $p(m)$ 相关的不确定性。如果关于 m 的信息以全局约束 $S(m)$ 的形式存在，则对应的最大熵概率分布可表示为（Russell，1988；Oliveira 和 Lupinacci，2013）：

$$p(m) = A\mathrm{e}^{-S(m)} \qquad (3.37)$$

式中，A 是标准化常数。

广义 $p(d \mid m)$ 可表示为模型与观测值之间差异的函数：

$$p(d \mid m) = \frac{p^{1 - \frac{1}{p}}}{2\sigma_{\mathrm{P}}\Gamma\left(\dfrac{1}{p}\right)} \exp\left(\frac{-1}{p} \frac{\mid d - Lm \mid^p}{(\sigma_{\mathrm{P}})^p}\right) \qquad (3.38)$$

根据式（3.38），即可选择具有不同范数的目标函数来求解逆问题。基于此种方法，可最大化目标函数 E，并得到一个模型参数与观测值之间的最小误差的解（Li，2001；Oliveira 和 Lupinacci，2013；Maurya 和 Singh，2018）。采用如下方法估算 l_1 范数的解。

考虑到褶积理论，即地震记录 $S(t)$ 由地层反射系数 $r(t)$ 与已知子波 $w(t)$ 褶积产生，前提是数据不包含任何类型的噪声（Velis，2006，2007；Wang，2010；Maurya 和 Sarkar，2016）：

$$S(t) = r(t) * w(t) \tag{3.39}$$

就层状地层而言，除了第 j 层的双向旅行时间所对应的时间外，其他地方的反射系数函数值为 0。由此，反射系数函数具有如下数学形式（Oldenburg 等，1983；Zhang 和 Castagna，2011）：

$$r(t) = \sum_{j=1}^{N_L} r_j \delta(t - \tau_j) \tag{3.40}$$

式中，N_L 为地下模型的总层数；r_j 为第 j 和 $j+1$ 界面的反射系数。

一般情况下，地震记录中的数据点总数 N 远大于模型中的层数 N_L。因此，极大地降低了模型的自由度，从而降低了非唯一性（Brien 等，1994；Wang，2010）。

根据声波阻抗方程，第 j 层的声波阻抗定义为：

$$Z_j = \rho_j v_j \tag{3.41}$$

式中，ρ_j 为第 j 层的密度；v_j 为第 j 层的速度。

基于声波阻抗模型，即可估算地层反射系数为：

$$r_j = \frac{Z_{j+1} - Z_j}{Z_{j+1} + Z_j} \tag{3.42}$$

将式（3.42）整理，得到如下关系：

$$Z_{j+1} = Z_j \frac{1 + r_j}{1 - r_j} = Z_1 \prod_{j=1}^{k} \frac{1 + r_j}{1 - r_j} \tag{3.43}$$

式（3.43）显示了声波阻抗与反射系数之间的关系。就连续走时而言，反射系数与声波阻抗的关系如下：

$$r(t) = \frac{1}{2} \frac{d[\ln Z(t)]}{dt} \tag{3.44}$$

推导式（3.44）时，省略了二阶量，原因在于该二阶量几乎可忽略不计。式（3.44）可改写为：

$$Z(t) = Z(0)\exp\left[2\int_0^t r(t)\,dt\right] \tag{3.45}$$

如式（3.44）所示，$r(t)$ 的稀疏性可能导致 $Z(t)$ 的块状结构（Oldenburg 等，1983）。

线性规划反演方法的应用实例为加拿大布莱克福特油田的叠后地震资料。与其他反演方法一样，线性规划反演（LPI）也将综合应用地震资料和测井资料。上述两种数据（地震数据和测井数据）通常属于两个不同的域，一种是时间域（地震数据），另一种是深度域（测井数据）。因此，在进行反演之前，需将其转换至相同的域。转换之后，即可启动输入准备的其他过程，包括初始假想模型生成、统计子波提取等。相关过程的论述见第 2 章。设置完所有输入之后，与其他反演方法一样，分两步执行线性规划反演。首先应用于井点附近的提取合成道，随后对整个地震体进行反演。

图 3.29 展示了井点附近合成道的反演结果及基于测井数据的真实声波阻抗。如图所示，反演曲线与原始曲线的趋势匹配良好。此外，反演曲线的相位也与原始曲线的相位匹配良好，而其他反演方法则缺少相位匹配性。

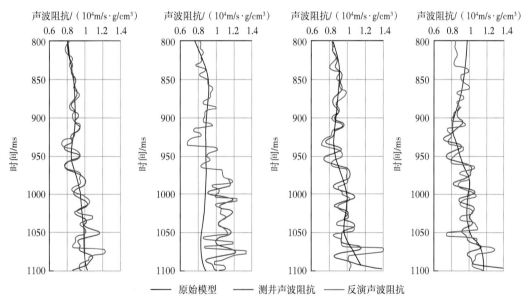

图 3.29　井点附近的合成道反演分析（图中显示了 4 口井的结果）

随后，生成所有井的反演声波阻抗与原始声波阻抗的交会图，如图 3.30 所示。对数据拟合一条最佳拟合直线来表示散点的趋势。如图所示，即可观察到最佳拟合线的散点变化，如果散点接近于最佳拟合线，则表明地震振幅转换为声波阻抗的效果良好，原因在于反演曲线与原始曲线偏差不大，反之亦然。由图 3.30 可见，几乎所有 13 口井的散点变化均非常接近于最佳拟合线，说明该算法具有良好的性能。

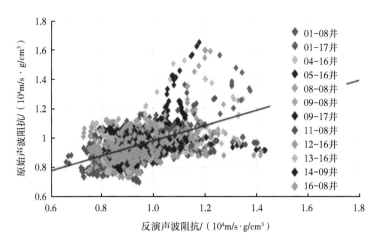

图 3.30　合成道的反演声波阻抗与测井曲线的原始声波阻抗之间的交会图

　　原始声波阻抗与反演声波阻抗之间的相关系数和均方根误差变化如图 3.31 所示，相关系数介于 0.987~0.999，平均值为 0.993；均方根误差介于 700~1400m/s·g/cm³，平均值为 950m/s·g/cm³。上述数值表明该算法具有极高性能，也说明反演结果具有极高质量。

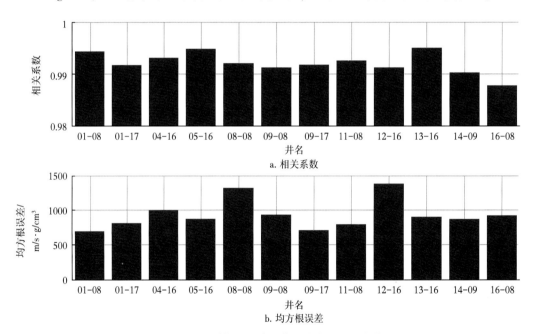

图 3.31　不同井的相关系数和均方根误差变化

　　合成道分析取得满意结果之后，即可进行整个地震体的反演。图 3.32 为主测线 28 的反演声波阻抗剖面。图中以不同颜色显示声波阻抗的变化。与地震剖面相比，反演剖面显示了更高分辨率的地下图像，并更清晰地突出了薄层反射层。如图所示，研究区的声波阻抗范围介于 5000~20000m/s·g/cm³。反演剖面的分析结果表明，双程旅行时在 1060~

1075ms 之间，存在 6000~8500m/s·g/cm³ 的低声波阻抗异常。该声波阻抗低值层解释为砂质河道层，但是仅属于初步解释，如需确定该河道，还需更多的参数。

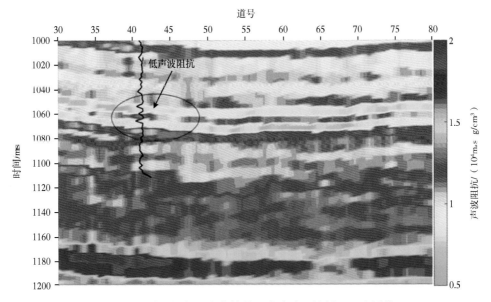

图 3.32　采用线性规划反演估算的反演声波阻抗剖面（主测线 28）

反演所涉及的数学变换有时可降低反演的频率成分，因此需分析反演剖面的频率组成。如图 3.33 所示，上述两个频谱之间具有很好的一致性，说明该算法在实现过程中保留了所有的频率组成。此外，反演曲线的振幅频谱与输入地震完全匹配，而其他反演方法则不同。这也是线性规划反演方法的巨大优点。反演剖面的频率组成降低有时也取决于反演过程中适当参数的选择。如果不根据输入数据选择反演参数，则振幅频谱将无法准确匹配。

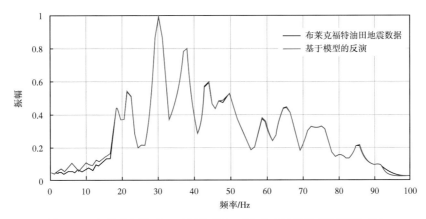

图 3.33　布莱克福特油田地震数据与反演合成地震的振幅频谱对比

　　图 3.34 为 1065ms 时间层段的声波阻抗切片。三维地震数据沿特定时间的平面显示与特定反射层的沿层切片显示不同，时间切片是评价地震数据振幅变化的一种快速、方便的方法。声波阻抗沿水平方向的变化如图 3.34 所示。解释的砂质河道以椭圆形突出显示，砂质河道为 NE—SW 向展布。

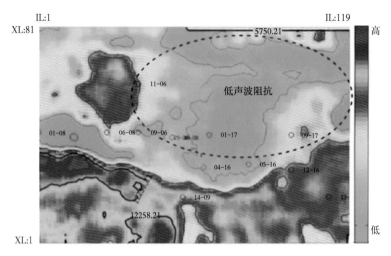

图 3.34　1065ms 时间层段的声波阻抗切片

　　由于地震资料的振幅随时间变化，不能以地下岩性的形式解释，而利用上述反演技术可得到井间区域的岩石物理参数分布，进而有助于解释地下岩性分布，尤其是对勘探和生产项目极为重要。

参 考 文 献

Ansari HR（2014）Use seismic colored inversion and power-law committee machines based on imperial competitive algorithm for improving porosity prediction in a heterogeneous reservoir. J Appl Geophys 108：61-68.

Barrodale I, Roberts FD（1973）An improved algorithm for discrete l-1 linear approximation. SIAM J Numer Anal 10（5）：839-848.

Barrodale I, Roberts F（1978）An efficient algorithm for discrete l-1 linear approximation with linear constraints. SIAM J Numer Anal 15（3）：603-611.

Bosch M, Mukerji T, Gonzalez EF（2010）Seismic inversion for reservoir properties combining statistical rock physics and geostatistics：a review. Geophysics 75（5）：75A165-75A176.

Brien OM, Sinclair AN, Kramer SM（1994）Recovery of a sparse spike time series by l/sub 1/ norm deconvolution：IEEE Trans Signal Process 42：3353-3365.

Brossier R, Operto S, Virieux J（2015）Velocity model building from seismic reflection data by full-waveform inversion. Geophys Prospect 63 （2）: 354-367.

Brown AR （2004） Interpretation of three-dimensional seismic data. AAPG Memoir 42. SEG Investigation in Geophysics, No. 9. AAPG, Tulsa.

Clochard V, Delépine N, Labat K, Ricarte P （2009） Post-stack versus pre-stack stratigraphic inversion for CO_2 monitoring purposes: a case study for the saline aquifer of the Sleipner field. SEG Annual Meeting, Society of Exploration Geophysicists.

Cooke DA, Schneider WA （1983） Generalized linear inversion of reflection seismic data. Geophysics 48 （6）: 665-676.

Debeye H, Riel VP （1990） Lp-norm deconvolution: geophysical Prospecting 38: 381 403.

Ferguson RJ （1996） PS seismic inversion: modeling, processing and field examples. M. Sc. Thesis, University of Calgary, Canada.

Ferguson RJ, Margrave GF （1996） A simple algorithm for band-limited impedance inversion. CREWES Res Rep 8 （21）: 1-10.

Goutsias J, Mendel JM （1986） Maximum-likelihood deconvolution: an optimization theory perspective. Geophysics 51: 1206-1220.

Hampson D, Russell B （1985） Maximum-likelihood seismic inversion. Geophysics 50 （8）: 1380-1381.

Helgesen J, Magnus I, Prosser S, Saigal G, Aamodt G, Dolberg D, Busman S （2000） Comparison of constrained sparse spike and stochastic inversion for porosity prediction at Kristin Field. Lead Edge 19 （4）: 400-407.

Kormylo JJ, Mendel JM （1983） Maximum-likelihood seismic deconvolution. IEEE Trans Geosci Remote Sens 1: 72-82.

Lancaster S, Whitcombe D （2000） Fast-track "colored" inversion. SEG Expanded Abstracts 19: 1572-1575.

Leite EP （2010） Seismic model based inversion using matlab. Matlab-Modelling, Programming and Simulations, p 389.

Li Q （2001） LP sparse spike impedance inversion. Hampson-Russell Software Services Ltd, CSEG.

Li LM, Speed TP （2004） Deconvolution of sparse positive spikes. J Comput Graph Statist 13 （4）: 853-870.

Loris I, Nolet G, Daubechies I, Dahlen FA （2007） Tomographic inversion using l-norm regularization of wavelet coefficients. Geophys J Int 170 （1）: 359-370.

Mallick S （1995） Model-based inversion of amplitude-variations-with-offset data using a genetic algorithm. Geophysics 60 （4）: 939-954.

Maurya SP, Sarkar P (2016) Comparison of post-stack seismic inversion methods: a case study from Blackfoot Field, Canada. Int J Sci Eng Res 7 (8): 1091-1101.

Maurya SP, Singh KH (2015) Reservoir characterization using model based inversion and probabilistic neural network. Discovery 49 (228): 122-127.

Maurya SP, Singh KH (2015b) LP and ML sparse spike inversion for reservoir characterization-a case study from Blackfoot area, Alberta, Canada. In 77th EAGE Conference and Exhibition 2015 (1): 1-5.

Maurya SP, Singh NP (2017) Seismic colored inversion: a fast way to estimate rock properties from the seismic data. Carbonate Reservoir Workshop, Nov. 30th-Dec. 1th, 2017, IIT Bombay, India.

Maurya SP, Singh NP (2018) Application of LP and ML sparse spike inversion with probabilistic neural network to classify reservoir facies distribution—A case study from the Blackfoot Field, Canada. J Appl Geophys, Elsevier 159 (2018): 511-521.

Maurya SP, Singh KH (2019) Predicting porosity by multivariate regression and probabilistic neural network using model-based and colored inversion as external attributes: a quantitative comparison. J Geol Soc India 93 (2): 131-252.

Maurya SP, Singh KH, Singh NP (2019) Qualitative and quantitative comparison of geostatistical techniques of porosity prediction from the seismic and logging data: a case study from the Blackfoot Field, Alberta, Canada. Marine Geophys Res 40 (1): 51-71.

Mendel JM (2012) Maximum-likelihood deconvolution: a journey into model-based signal processing. Springer Science & Business Media, Berlin.

Oldenburg D, Scheuer T, Levy S (1983) Recovery of the acoustic impedance from reflection seismograms. Geophysics 48 (10): 1318-1337.

Oliveira SAM, Lupinacci WM (2013) L1 norm inversion method for deconvolution in attenuating media. Geophys Prospect 61 (4): 771-777.

Quijada MF (2009) Estimating elastic properties of sandstone reservoirs using well logs and seismic inversion. Doctoral dissertation, University of Calgary.

Russell B (1988) Introduction to seismic inversion methods. The SEG Course Notes, Series 2.

Russell B, Hampson D (1991) Comparison of post-stack seismic inversion methods. In: SEG technical program expanded abstracts, Society of Exploration Geophysicists, pp 876-878.

Sacchi MD, Ulrych TJ (1995) High-resolution velocity gathers and offset space reconstruction. Geophysics 60 (4): 1169-1177.

Sacchi MD, Ulrych TJ (1996) Estimation of the discrete fourier transform, a linear inversion approach. Geophysics 61 (4): 1128-1136.

Stull RB (1973) Inversion rise model based on penetrative convection. J Atmos Sci 30 (6)：1092-1099.

Swisi AA (2009) Post-and pre-stack attribute analysis and inversion of Blackfoot 3d seismic dataset. M. Sc. Thesis, University of Calgary.

Velis DR (2006) Parametric sparse-spike deconvolution and the recovery of the acoustic impedance. In：SEG annual meeting. Society of Exploration Geophysicists, pp 2141-2144.

Velis DR (2007) Stochastic sparse-spike deconvolution. Geophysics 73 (1)：R1-R9.

Vestergaard PD, Mosegaard K (1991) Inversion of post-stack seismic data using simulated annealing. Geophys Prospect 39 (5)：613-624.

Wang Y (2010) Seismic impedance inversion using l1-norm regularization and gradient descent methods. J Inverse Ill-Posed Prob 18 (7)：823-838.

Wang X, Shiguo Wu, Ning Xu, Zhang G (2006) Estimation of gas hydrate saturation using constrained sparse spike inversion：case study from the Northern South China. Sea Terr Atmos Ocean Sci 17 (4)：799-813.

Waters KH, Waters KH (1987) Reflection seismology：a tool for energy resource exploration. Wiley, New York.

Yilmaz O (2001) Seismic data analysis, vol 1. Society of exploration geophysicists, Tulsa, OK.

Zhang R, Castagna J (2011) Seismic sparse-layer reflectivity inversion using basis pursuit decomposition. Geophysics 76：R147-R158.

Zhang Q, Yang R, Meng L, Zhang T, Li P (2016) The description of reservoiring model for gas hydrate based on the sparse spike inversion. In：7th international conference on environmental and engineering geophysics & summit forum of Chinese Academy of Engineering on Engineering Science and Technology. https：//doi. org/10. 2991/iceeg-16. 2016. 27.

第4章 叠前地震反演

叠前地震反演利用叠前地震资料和测井资料预测远离井口的 P 波阻抗、S 波阻抗、密度和 V_p/V_S。叠前地震反演方法的地下成像分辨率非常高。与只能提取 P 波阻抗的叠后地震资料相比，叠前地震反演方法提供了更详细的信息，可以同时提取 P 波阻抗、S 波阻抗、密度和 V_p/V_S。本章详细介绍了同时反演和弹性波阻抗（EI）反演，还介绍了这些方法在合成数据和实际资料中的应用。

4.1 引言

叠前地震反演技术提供了有关岩石性质的有价值信息，如地下岩性和流体含量，因此可用于储层描述。在过去几十年里，人们对叠前地震反演的关注大大增加，或者利用叠前地震反演方法获取纵波采集数据中的纵波信息和横波信息（Goodway 等，1997；Gray 和 Andersen，2000）。地震横波信息通常存储于偏移距（AVO）和反射系数的变化中。由于 P 波对孔隙流体的变化非常敏感，而 S 波主要与岩石基质相互作用，而基本不受孔隙流体的影响，因此需要用岩石的 P 波特性和 S 波特性来探测储层中流体的含量和性质。叠前地震反演不仅可用于岩性和流体识别，对直接确定碎屑岩和碳酸盐岩的烃类指数也具有重要意义（Goodway 等，1997；Burianyk 和 Pickfort，2000；Grayand 和 Andersen，2000）。过去，许多工作人员利用广义线性叠前反演（GLI）方法解决关于岩石特征（Tarantola，1986；Mora，1987；Demirbag 等，1993；Pan 等，1994）。广义线性反演（GLI）是一种迭代方法，需要目标函数的导数信息，且要求能有效优化模型参数的良好初始模型。叠前反演也可以利用全局优化法，如遗传算法（GA）和模拟退火法（SA）（Sen 和 Stoffa，1991；Mallick，1995）。

利用叠前地震资料预测纵波和横波岩石特征的最新方法均包括两个步骤（Goodway 等，1997；Ma，2001）；第一步是通过 AVO 得到入射 P 波和入射 S 波的常规反射系数（Fatti 等，1994）；第二步是将从 AVO 得到的反射系数序列引入反演算法，将其转换为纵波阻抗和横波阻抗。Ma（2001）创立了一种联合反演方法，利用基于 AVO 推导的纵波反射系数和横波反射系数信息，同时测量纵波阻抗和横波阻抗。

叠前反演通常对数据采用拟合三项解的方法，其结果的可靠性随入射角的增大而增大。纵波地震资料最准确的叠前反演结果是纵波阻抗，可以在近偏移距资料上进行。当入射角接近 30°时，横波阻抗预测变得可靠；而只有当入射角接近 45°时，密度（以及其他推导的弹性常数）的预测才接近可靠。叠前反演可以进行 CMP 道集反演，得到纵波阻抗和横波阻抗（Hampson 等，2005）。通过地震角道集或偏移量道集、测井信息和基本地层分析结果，叠前反演将地震资料的角度信息或偏移量信息转化为 P 波阻抗、S 波阻抗和密度。同样地，也容易通过计算预测其他弹性参数，如 P 波阻抗、V_P/V_S 和厚度。通常，根据地质目标和地震数据采集，P 波阻抗和 V_P/V_S 这两个参数是准确的，可以在不需要井控的情况下预测储层特征（Sherrill 等，2008）。适用的叠前反演方法有很多，但最著名的是同时反演法和弹性波阻抗反演法，下面简要介绍这两种方法。

4.2　同时反演

同时反演法利用叠前道集作为输入，可同时预测多个参数。同时反演基于三个假设：第一，反射系数的线性化近似成立（Ankeny 等，1986），线性近似是利用线性函数对一般函数的近似（Ma，2002）；第二，反射系数剖面是角道集函数，可以用 Aki-Richards 方程表示；第三，P 波阻抗、S 波阻抗与密度之间存在线性关系（Nolet，1978）。利用上述三个假设，就可以通过 P 波阻抗、S 波阻抗和密度的初始假设模型加噪声建模。Simmons 和 Backus（1996）利用以下方程反演地震剖面得到声波阻抗剖面和密度剖面：

$$R_P = \frac{1}{2}\left(\frac{\Delta V_P}{V_P} + \frac{\Delta \rho}{\rho}\right) \tag{4.1}$$

$$R_S = \frac{1}{2}\left(\frac{\Delta V_S}{V_S} + \frac{\Delta \rho}{\rho}\right) \tag{4.2}$$

$$R_D = \frac{\Delta \rho}{\rho} \tag{4.3}$$

式中，V_P 是纵波速度；V_S 是横波速度；ρ 是密度；R_P 是纵波反射系数；R_S 是横波反射系数；R_D 是密度反射系数。

除了上述讨论的假设外，Simmons 和 Backus（1996）也提出了一些其他假设，指出式（4.1）到式（4.3）中给出的反射系数剖面可以通过反射系数 $R_P(\theta)$，采用 Aki-Richards 近似来预测（Richards 和 Frasier，1976）。密度和纵波速度与 Gardner 方程（Gardner 等，1974）的关系式如下：

$$\frac{\Delta \rho}{\rho} = \frac{1}{4}\frac{\Delta V_P}{V_P} \tag{4.4}$$

纵波速度与横波速度的关系为（Castagna 等，1985）：

$$V_P = 1.16V_S + 1360 \tag{4.5}$$

采用线性化反演方法求解反射系数剖面。Buland 和 Omre（2003）使用了一种类似的技术，称为贝叶斯线性化 AVO 反演。与 Simmons 和 Backus（1996）不同，他们利用了三个参数，即 $\Delta V_P/V_P$，$\Delta V_S/V_S$ 和 $\Delta\rho/\rho$，采用 Aki-Richards 近似法。一些学者还利用小反射系数近似将这些参数的变化与原始参数联系起来。P 波速度的变化可写成：

$$\frac{\Delta V_P}{V_P} \approx \Delta\ln V_P \tag{4.6}$$

对于横波速度和密度，也可以写成类似的方程：

$$\frac{\Delta V_S}{V_S} \approx \Delta\ln V_S \tag{4.7}$$

$$\frac{\Delta\rho}{\rho} \approx \Delta\ln\rho \tag{4.8}$$

用于评价和解释反射波地震资料的各种反演技术已经使用了几十年。其中部分是基于 Zoeppritz 和 Knott 方程（Shuey，1985）进一步修正的，最常见的典型实例由 Aki 和 Richards（1980）给出。在一定的假设条件下，将含有 16 个未知参数的 16 个方程简化为含有 3 个未知参数的单一 Knott-Zoeppritz 方程。首先，通过叠后地震反演算法推导出 P 波阻抗，然后将其扩展到叠前反演算法。

4.2.1　P 波阻抗叠后反演

本书扩展了 Simmons 和 Backus（2003）及 Buland 等（1996）的研究，创立了一种直接反演 P 波阻抗（$Z_P = \rho V_P$）、S 波阻抗（$Z_S = \rho V_S$）和密度的方法，通过使用与 Buland 和 Omre（2003）类似的近似法，与 Simmons 和 Backus（1996）类似的约束条件。目的在于将该方法扩展到叠后声波阻抗反演（Hampson，1991），所以该方法可推广应用于叠前反演和叠后反演。下面先回顾叠后反演方法的原理。首先，联立式（4.1）和式（4.6）得到：

$$R_{Pi} \approx \frac{1}{2}\Delta\ln Z_{Pi} = \frac{1}{2}(\ln Z_{Pi+1} - \ln Z_{Pi}) \tag{4.9}$$

式中，i 是地质模型的第 i 个界面；Z_{Pi} 是第 i 层的 P 波阻抗；Z_{Pi+1} 是第 $i+1$ 层的 P 波阻抗；R_{Pi} 是第 i 个界面的 P 波反射系数。

现在考虑反射系数中的 N 个样点，将式（4.9）可以写成矩阵形式：

$$\begin{bmatrix} R_{P1} \\ R_{P2} \\ \vdots \\ R_{PN} \end{bmatrix} = \begin{bmatrix} -1 & 1 & 0 & \cdots \\ 0 & -1 & 1 & \cdots \\ 0 & 0 & -1 & 1 \\ \vdots & \vdots & \vdots & \vdots \end{bmatrix} \begin{bmatrix} L_{P1} \\ L_{P2} \\ \vdots \\ L_{PN} \end{bmatrix} \tag{4.10}$$

其中
$$L_{Pi} = \ln Z_{Pi}$$

在此基础上，应用褶积定理，说明子波（w）与地层反射系数（R）的褶积可生成地震道（Ma，2002）。其数学表达式为：

$$S_i = w_i * R_i \tag{4.11}$$

式（4.11）可写成如下矩阵形式：

$$
\begin{bmatrix} S_1 \\ S_2 \\ \vdots \\ S_N \end{bmatrix}
\begin{bmatrix} w_1 & 0 & 0 & \cdots \\ w_2 & w_1 & 0 & \cdots \\ w_3 & w_2 & w_1 & 0 \\ \vdots & \vdots & \vdots & \vdots \end{bmatrix}
\begin{bmatrix} L_{P1} \\ L_{P2} \\ \vdots \\ L_{PN} \end{bmatrix}
\tag{4.12}
$$

式中，S_i 是地震道的第 i 个采样；w_j 是提取的地震子波的第 j 项。

结合式（4.11）和式（4.12）得到地震道与 P 波阻抗对数关系的正演模型：

$$T = \frac{1}{2} WDL_P \tag{4.13}$$

式中，W 是式（4.12）给出的子波矩阵；D 是式（4.11）给出的导数矩阵。

如果用标准矩阵反演方法反演式（4.13），通过已知的地震道（S）和地震子波（W）预测 L_P，存在两个问题。首先，矩阵反演成本高；其次，它具有潜在的不稳定性（Hampson 等，2005）。下面将叠后反演扩展到叠前反演。

4.2.2　推广应用于叠前反演

对叠前反演方法的推导进行了扩展，重新定义 Aki-Richards 方程（Fatti 等，1994）为：

$$R_{PP}(\theta) = c_1 R_P + c_2 R_S + c_3 R_D \tag{4.14}$$

其中：　　$c_1 = 1 + \tan^2\theta$，$c_2 = -8\gamma^2 \tan^2\theta$，$c_3 = -0.5\tan^2\theta + 2\gamma^2 \sin^2\theta$，$\gamma = V_S/V_P$

三个反射系数项由式（4.1）至式（4.3）给出（Hampson 等，2005）。

对于给定的地震道 S（θ），扩展式（4.12）中的零偏移距（或角度）道，与式（4.14）联合，可以得到：

$$S(\theta) = \frac{1}{2}c_1 W(\theta)DL_P + \frac{1}{2}c_2 W(\theta)DL_S + c_3 W(\theta)DL_D \tag{4.15}$$

其中
$$L_S = \ln Z_S, \quad L_D = \ln\rho$$

式（4.15）可以用于反演，但忽略了 L_P、L_S 和 L_D 之间的关系。因为处理的是阻抗并且已经取了对数，所以关系与 Simmons 和 Backus（1996）给出的不同，如下所示：

$$\ln Z_S = k\ln Z_P + k_C + \Delta L_S \tag{4.16}$$

$$\ln Z_{\mathrm{D}} = m\ln Z_{\mathrm{P}} + m_{\mathrm{C}} + \Delta L_{\mathrm{D}} \tag{4.17}$$

ΔL_{S} 和 ΔL_{D} 可分别通过 $\ln\rho$—$\ln Z_{\mathrm{P}}$ 和 $\ln Z_{\mathrm{P}}$—$\ln Z_{\mathrm{S}}$ 的交会图趋势进行预测（图 4.1）。

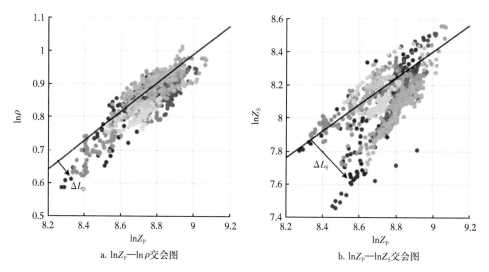

a. $\ln Z_{\mathrm{P}}$—$\ln\rho$ 交会图   b. $\ln Z_{\mathrm{P}}$—$\ln Z_{\mathrm{S}}$ 交会图

图 4.1 $\ln Z_{\mathrm{P}}$ 与 $\ln\rho$、$\ln Z_{\mathrm{S}}$ 的交会图

增加了一条最佳拟合直线，偏离这条直线的距离 ΔL_{S} 与 ΔL_{D} 是指示流体异常

联合式（4.15）至式（4.17），得到：

$$T(\theta) = C_1 W(\theta) * DL_{\mathrm{P}} + C_2 W(\theta) * DL_{\mathrm{S}} + C_3 W(\theta) * DL_{\mathrm{D}} \tag{4.18}$$

其中：
$$C_1 = \frac{1}{2}c_1 + \frac{1}{2}kc_2 + mc_3, \quad C_2 = \frac{1}{2}c_2$$

式（4.18）可以用矩阵形式表示为：

$$\begin{bmatrix} S(\theta_1) \\ S(\theta_2) \\ \vdots \\ S(\theta_N) \end{bmatrix} \begin{bmatrix} C_1(\theta_1)W(\theta_1)D & C_2(\theta_1)W(\theta_1)D & C_3(\theta_1)W(\theta_1)D \\ C_1(\theta_2)W(\theta_2)D & C_2(\theta_2)W(\theta_2)D & C_3(\theta_2)W(\theta_2)D \\ \vdots & \vdots & \vdots \\ C_1(\theta_N)W(\theta_N)D & C_2(\theta_N)W(\theta_N)D & C_3(\theta_N)W(\theta_N)D \end{bmatrix} \tag{4.19}$$

如果采用矩阵反演方法求解式（4.19），将再次遇到相同的问题，即低频分量无法正确解决。因此，一个实用的方法是初始化 $\begin{bmatrix} L_{\mathrm{P}} & \Delta L_{\mathrm{S}} & \Delta L_{\mathrm{D}} \end{bmatrix} = \begin{bmatrix} \ln Z_{\mathrm{P0}} & 0 & 0 \end{bmatrix}$ 的解，其中 Z_{P0} 是初始声波阻抗模型（Larson，1999）。式（4.19）用于叠前地震资料反演。反演的实际应用过程如下。

（1）以下的地震剖面信息可用于输入：①第 N 道的角道集；②每个角度 N 个子波集；③初始 Z_{P} 模型。

（2）接下来利用上述的测井属性交会图计算系数 k 和 m。

（3）在地震剖面上插入测井属性，生成初始假想模型：

$$\begin{bmatrix} L_P & \Delta L_S & \Delta L_D \end{bmatrix}^T = \begin{bmatrix} \ln Z_{P0} & 0 & 0 \end{bmatrix}^T \tag{4.20}$$

（4）应用上述叠前反演技术进行反演计算。

（5）最后计算出 Z_P、Z_S 和密度：

$$Z_P = \exp \ (L_P) \tag{4.21}$$

$$Z_S = \exp \ (kL_P + k_C + \Delta L_S) \tag{4.22}$$

$$\rho = \exp \ (mL_P + m_C + \Delta L_D) \tag{4.23}$$

初始假想模型表示的是 P 波阻抗的初始模型，而 ΔL_S 和 ΔL_D 在此迭代中初始化为零值（Maurya 和 Singh，2015，2018）。此外，P 波阻抗可以转换为拉梅参数，将在下一节中详细讨论。

4.2.3　$\lambda—\mu—\rho$（LMR）变换

LMR 方法最初由 Goodway 等（1997）提出。与速度和密度相比，$\lambda\rho$ 和 $\mu\rho$ 参数对流体和饱和度更敏感，因此在 $\lambda—\mu—\rho$ 域分析将更有效果（Russell 1988）。LMR 变换是利用同时反演的 Z_P 和 Z_S，将其转换成 $\lambda\rho$ 剖面和 $\mu\rho$ 剖面。LMR 参数的推导如下。

V_P 和 V_S 可以用拉梅参数写成：

$$V_P = \sqrt{\frac{\lambda + 2\mu}{\rho}} \tag{4.24}$$

和

$$V_S = \sqrt{\frac{\mu}{\rho}} \tag{4.25}$$

式中，λ 和 μ 是拉梅参数；ρ 是密度。

因此，式（4.25）可改写成：

$$Z_S^2 = \ (\rho V_S)^2 = \mu\rho \tag{4.26}$$

此外，式（4.24）可写成：

$$Z_P^2 = (\rho V_P)^2 = (\lambda + 2\mu)\rho \tag{4.27}$$

联合式（4.26）和式（4.27），可得出如下关系：

$$\lambda\rho = Z_P^2 - 2Z_S^2 \tag{4.28}$$

通过提取叠前地震反演中的纵波反射系数和横波反射系数，并将其转换为纵波阻抗和横波阻抗，推导出拉梅参数。LMR 变换分析利用式（4.26）和式（4.28）。

LMR 分析是识别含气砂岩的关键（Goodway 等，1997），可以通过把 $\lambda\rho$ 剖面和 $\mu\rho$ 剖

面对含气砂和页岩的响应分离来实现。在其他一些情况下，LMR变换用于更精细尺度的岩性分离，从而从页岩中识别含水的湿砂岩。此外，还利用LMR交会图来判别地下岩性（Paul 等，2001）。无论是单独的 $\lambda\rho$ 剖面还是单独的 $\mu\rho$ 剖面都不是很好的地下岩性指示物，但它们结合在一起就可以显示大量的岩性信息。叠前同时反演和LMR变换流程如图 4.2 所示。

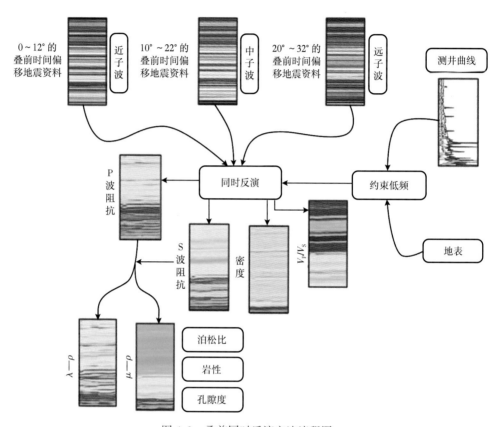

图 4.2　叠前同时反演方法流程图

下面在实际数据集中实现上述方法。本书给出了两个示例：第一个示例用于合成数据集，其真实输出已知，因此可以验证其结果；第二个示例采用加拿大新斯科舍省佩诺布斯科特油田的真实数据集。

4.2.4　同时反演的应用

第一个示例是合成数据集叠前同时反演。对于合成地震记录的生成，输入表 3.1 的参数，通过正演模拟生成角度相关的合成地震记录。图 4.3 为叠前同时反演方法的合成记录。图 4.3a 是用于生成合成记录的地下岩性模型；图 4.3b 是根据地质模型中的速度和密度相结合产生的反射系数序列；图 4.3c 是非零偏移距时通过正演建模生成的模拟合成地震道［式 (1.10)］；图 4.3d 至图 4.3g 分别是 Z_P、Z_S、ρ 和 V_P/V_S 的反演结果与原始值的

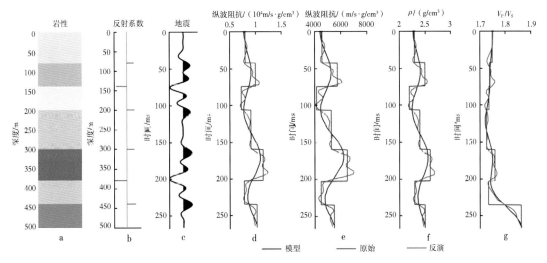

图 4.3　叠前同时反演方法的合成记录

对比。如图所示，反演曲线与原始曲线一致性较好。四种反演曲线的预测相关系数为 0.99，均方根误差为 0.023，表明反演结果较好。因此，同时反演方法的效果较好。

本书的另一个示例是加拿大新斯科舍省佩诺布斯科特油田的真实数据集。佩诺布斯科特勘探区位于加拿大新斯科舍省近海的 Scotian 陆架。上侏罗统—白垩系层段发育了几个小型油气田。用于叠前同时反演的地震数据有条件限制，需消除许多不良影响。通常地震资料条件限制需要消除的不良影响有三个，即随机噪声、NMO 子波拉伸和非平面反射。第 3 章中简要说明了道集的条件，因此应用处理后的道集作为同步反演的输入。

在叠前同时反演中，对叠前 CMP 道集进行反演获得 Z_P、Z_S、ρ 和 V_P/V_S，这些参数对解释地下特征非常重要。与第 3 章讨论的其他反演技术一样，除有色反演技术外，叠前反演需要建立初始模型，模型通过井点位置的测井资料中的纵波速度曲线、横波速度曲线和密度曲线建立。根据这些测井曲线，可预测纵波阻抗和横波阻抗曲线（$Z = V_P\rho$），以层位为构造框架在井间插值建立模型。模型经过 12Hz 低频滤波，消除高频成分和测井曲线的在地震频谱段的异常（Shu-jin，2007）。模型构建详见第 3 章。

叠前同时反演依赖于井位处 $\ln Z_P$、$\ln Z_S$ 和 $\ln\rho$ 之间的背景关系，从中计算出系数（k、k_c、m 和 m_c）。这些值可以通过与背景中 ΔL_S 和 ΔL_D 的偏差进行反演计算得到，因此，在初始模型中它们均被初始化为零。当计算出系数（k、k_c、m 和 m_c）时，利用它们确定最终反演结果（Shu-jin，2007）。相关值如图 4.4 所示。

确定同时反演的系数后，叠前反演分两阶段进行。在第一阶段，对井位的一个合成记录进行反演，以检验地震资料的参数和尺度。图 4.5 对比了井 L-30 的相关参数与 Z_P、Z_S、ρ 和 V_P/V_S 的反演结果。如图所示，所有参数的反演曲线与原始曲线匹配非常好，平均相关系数是 0.94，RMS 误差为 1100m/s·g/cm³。

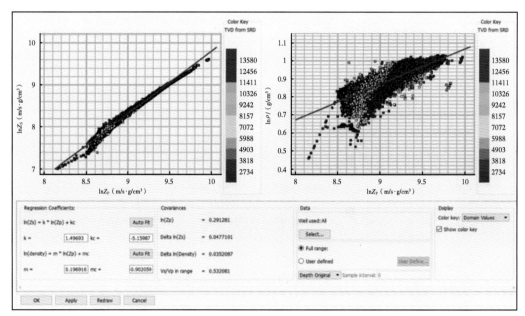

a. $\ln Z_P$—$\ln Z_S$ 交会图   b. $\ln Z_P$—$\ln \rho$的交会图

图 4.4 $\ln Z_P$ 和 $\ln Z_S$、$\ln \rho$ 交记录

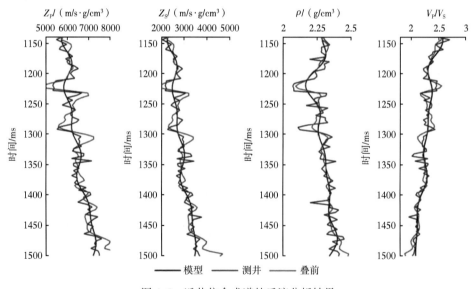

图 4.5   近井位合成道的反演分析结果

  此外，为逐点检验反演结果的质量，生成反演曲线与原始曲线的交会图，如图 4.6 所示。从最优拟合直线出发的散点分布量化了反演结果的质量。可以看出，大部分数据点都非常接近于最佳拟合线，说明反演结果质量良好。

  分析表明，同时反演方法对合成记录的反演效果较好。第二步，对整个地震体反演得到

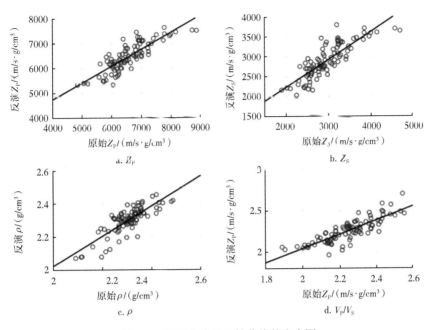

图 4.6　反演曲线和原始曲线的交会图

岩石物理体。图 4.7 为主测线 1164 的 P 波阻抗反演剖面，图中绿色和黄色为低声波阻抗，粉色和蓝色为高声波阻抗。该区域内的声波阻抗变化范围为 $2000 \sim 8000 \text{m/s} \cdot \text{g/cm}^3$，沿垂直方向和水平方向变化平滑。从结果还可以看出，该地区没有主要异常区。图 4.8 为主测线 1165 的 S 波阻抗剖面，图 4.9 为主测线 1165 的密度剖面，图 4.10 为主测线 1165 的纵横波速度比剖面。横波阻抗变化范围为 $100 \sim 4000 \text{m/s} \cdot \text{g/cm}^3$，密度变化范围为 $2 \sim 2.5 \text{ g/cm}^3$。从图中还可以看出沿垂直和水平方向的变化平滑，因此没有显示出任何主要异常区。如果数据包含储层，则会出现低阻抗和密度异常。

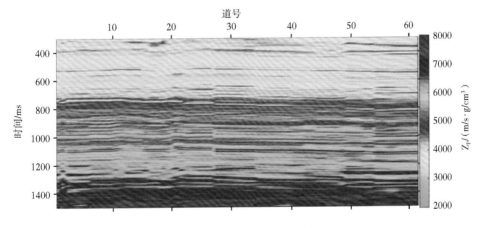

图 4.7　P 波阻抗反演剖面（主测线 1164）

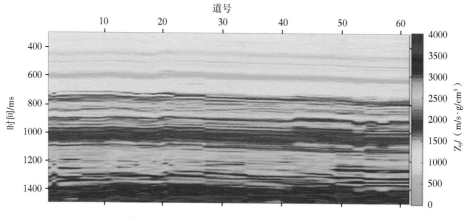

图 4.8　S 波阻抗反演剖面（主测线 1165）

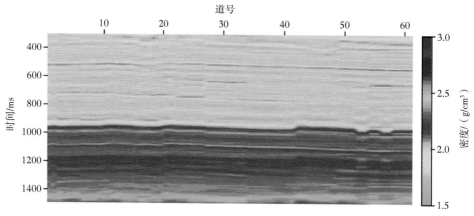

图 4.9　密度反演剖面（主测线 1165）

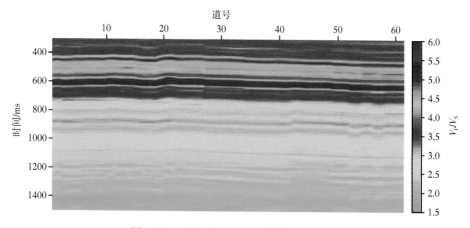

图 4.10　V_P/V_S 反演剖面（主测线 1165）

　　此外，还通过这些剖面预测了 P 波阻抗、S 波阻抗和密度之间的关系。图 4.11 给出了这些参数之间的交会图，这个交会图还拟合了它们之间的相关关系。如果已知一个参数，这些相关关系就可以更好地预测另一个参数。与测井曲线推导的关系相比，测井曲线只能在特定位置有效，而在远离井位的位置无效。

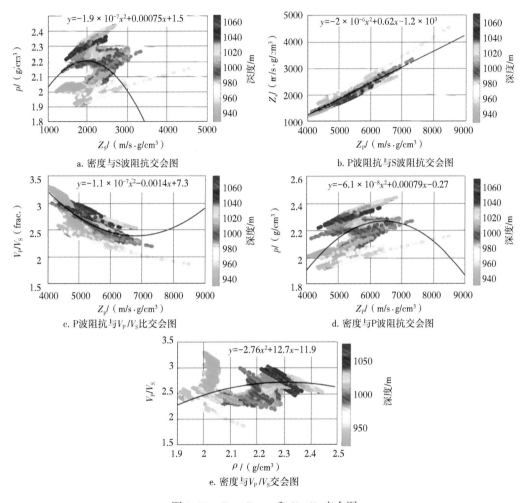

图 4.11　Z_P、Z_S、ρ 和 V_P/V_S 交会图

　　在某些情况下，通过波阻抗和速度常常用以区分流体性质和岩石性质，因此需要其他属性来区分地下岩性。拉梅参数在上述情况下更有用，拉梅参数比阻抗和速度敏感度更高，变化更快，因此可以更清楚地识别流体。

　　利用上一节讨论的 LMR 变换方法将 Z_P 和 Z_S 变换为拉梅参数。LMR 变换的特点是将 S 波阻抗体和 P 波阻抗体直接转换为 $\lambda\rho$ 体和 $\mu\rho$ 体。这种变换方法简单而强大，能从反演结果中获得更多具有物理意义的信息。LMR 变换的流程如下：

　　（1）根据叠前数据计算 R_P 和 R_S 反射系数。

（2）利用同时反演方法，通过 AVO 和反演函数预测 Z_p 体和 Z_s 体。

（3）分别通过式（4.26）和式（4.28）将阻抗体变换为 $\lambda\rho$ 和 $\mu\rho$。需要注意的是不能将密度与其他项分离开来。

（4）为使密度的影响最小，绘制 $\lambda\rho$ 与 $\mu\rho$ 的交会图。根据交会图，可以将含烃砂岩和含水湿砂岩区分开。

图 4.12 是模拟主测线 1165 的 $\lambda\rho$ 反演剖面变化，而主测线 1165 的 $\mu\rho$ 反演剖面如图 4.13 所示。与输入的原始地震数据相比，反演剖面的分辨率非常高，并且描述了地层属性。可以看出，$\lambda\rho$ 变化范围为 5~30GPa·g/cm³，而 $\mu\rho$ 变化范围为 0~10GPa·g/cm³。通过对模拟拉梅参数体的分析，表明该区域在垂直和水平方向上的变化平滑，从而证实该区域不存在主要异常区。

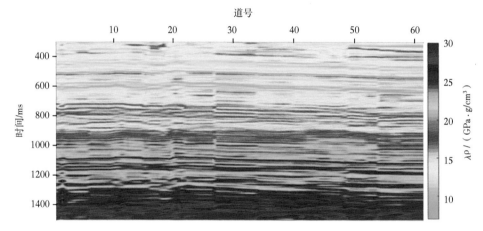

图 4.12 $\lambda\rho$ 反演剖面（主测线 1165）

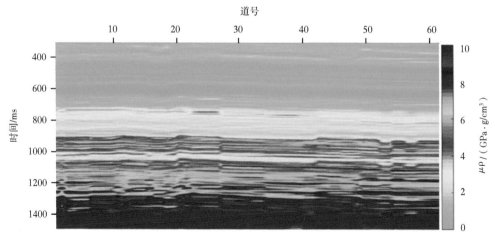

图 4.13 $\mu\rho$ 反演剖面（主测线 1165）

　　此外，生成 $\lambda\rho$ 和 $\mu\rho$ 模拟的交会图，如图 4.14 所示，其中 $\lambda\rho$ 和 $\mu\rho$ 轴附近没有数据点（无低值），说明研究区内没有主要储层。$\lambda\rho$ 和 $\mu\rho$ 在气藏检测中非常重要，因为它们比波阻抗更敏感（图 4.12 至图 4.14）。

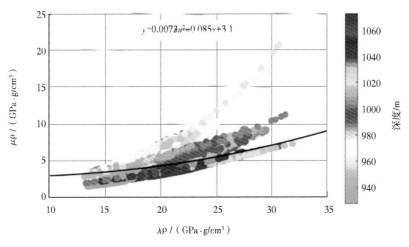

图 4.14　$\lambda\rho$ 和 $\mu\rho$ 反演交会图

4.3　弹性波阻抗反演

　　弹性波阻抗反演是另一种广泛应用的基于角道集偏移距的叠前反演方法。由于 P/S 模式转换在倾斜入射角时十分显著，因此弹性波阻抗反演提供了更详细的地下成像信息（Whitcombe，2002）。弹性波阻抗反演可以由小反差的 Aki‑Richards 方程［式（4.29）］导出。Connolly（1999）首次利用有范围限制的叠加剖面进行弹性波阻抗反演。通过 P 波反射系数，Zeopritz 方程可以计算出角度为 θ 的反射系数 $R(\theta)$ 为：

$$R(\theta) = A + B\sin^2\theta + C\sin^2\theta\tan^2\theta \tag{4.29}$$

其中：

$$A = \frac{1}{2}\frac{\Delta V_P}{V_P}, \quad B = \frac{\Delta V_P}{V_P} - 4\frac{V_S^2}{V_P^2}\frac{\Delta V_S}{V_S} - 2\frac{V_S^2}{V_P^2}\frac{\Delta\rho}{\rho}$$

$$C = \frac{1}{2}\frac{\Delta V_P}{V_P}$$

$$V_P = \frac{V_P(t_i) + V_P(t_{i-1})}{2}$$

$$\Delta V_P = V_P(t_i) + V_P(t_{i-1})$$

$$\frac{V_S^2}{V_P^2} = \left[\frac{V_S^2(t_i)}{V_P^2(t_i)} - \frac{V_S^2(t_{i-1})}{V_P^2(t_{i-1})}\right]/2$$

式中，t_i 是采样 i 的时间。

此外，还需要一个类似于声波阻抗的函数 $f(t)$，这样就可以从给定的公式中推导出任何入射角 θ 的反射系数（Tarantola，1986），数学公式为：

$$R(\theta) = \frac{f(t_i) - f(t_{i-1})}{f(t_i) + f(t_{i-1})} \tag{4.30}$$

该函数称为弹性波阻抗，那么如果波阻抗存在小到中等的变化，式（4.30）可以写成：

$$R(\theta) \approx \frac{1}{2}\frac{\Delta \text{EI}}{\text{EI}} \approx \frac{1}{2}\Delta\ln(\text{EI}) \tag{4.31}$$

所以，式（4.29）可改写为：

$$\frac{1}{2}\Delta\ln(\text{EI}) = \frac{1}{2}\left(\frac{\Delta V_P}{V_P} + \frac{\Delta\rho}{\rho}\right) + \left(\frac{\Delta V_P}{2V_P} - 4\frac{V_S^2}{V_P^2}\frac{\Delta V_S}{V_S} - 2\frac{V_S^2}{V_P^2}\frac{\Delta\rho}{\rho}\right)\sin^2\theta + \frac{1}{2}\frac{\Delta V_P}{V_P}\sin^2\theta\tan^2\theta \tag{4.32}$$

令 $K = \dfrac{V_S^2}{V_P^2}$，则式 4.32 可改写为：

$$\frac{1}{2}\Delta\ln(\text{EI}) = \frac{\Delta V_P}{2V_P} + \frac{\Delta\rho}{2\rho} + \frac{\Delta V_P}{2V_P}\sin^2\theta - 4K\sin^2\theta\frac{\Delta V_S}{V_S}$$
$$- 2K\frac{\Delta\rho}{\rho}\sin^2\theta + \frac{1}{2}\frac{\Delta V_P}{V_P}\sin^2\theta\tan^2\theta \tag{4.33}$$

整理式（4.33），得到：

$$\frac{1}{2}\Delta\ln(\text{EI}) = \frac{1}{2}\left[\frac{\Delta V_P}{V_P}(1 + \sin^2\theta) + \frac{\Delta\rho}{\rho}(1 - 4K\sin^2\theta)\right.$$
$$\left. - \frac{\Delta V_S}{V_S}8K\sin^2\theta + \frac{\Delta V_P}{V_P}\sin^2\theta\tan^2\theta\right] \tag{4.34}$$

利用 $\sin^2\theta\tan^2\theta = \tan^2\theta - \sin^2\theta$，式（4.6）变为：

$$\frac{1}{2}\Delta\ln(\text{EI}) = \frac{1}{2}\left[\frac{\Delta V_P}{V_P}(1 + \tan^2\theta) - \frac{\Delta V_S}{V_S}8K\sin^2\theta + \frac{\Delta\rho}{\rho}(1 - 4K\sin^2\theta)\right] \tag{4.35}$$

只应用了式（4.29）右侧前两项，然后式（4.35）、式（4.36）仅通过将 $\tan^2\theta$ 改为 $\sin^2\theta$ 而有所不同（Whitcombe，2002）。用 $\Delta\ln x$ 代替 $\Delta x/x$，得到：

$$\Delta\ln(\text{EI}) = (1 + \tan^2\theta)\Delta\ln(V_P) - 8K\sin^2\theta\Delta\ln(V_S) + (1 - 4K\sin^2\theta)\Delta\ln\rho \tag{4.36}$$

如果把 K 设为常数，即式（4.36）中的所有项均可用 Δ 函数表示：

$$\Delta\ln(\text{EI}) = \Delta\ln V_P^{1+\tan^2\theta} - \Delta\ln V_S^{8K\sin^2\theta} + \Delta\ln\rho^{1-8K\sin^2\theta} \tag{4.37}$$

$$\Delta \ln(\mathrm{EI}) = \Delta \ln\left(V_{\mathrm{P}}^{1+\tan^2\theta} V_{\mathrm{S}}^{8K\sin^2\theta} \rho^{1-8K\sin^2\theta}\right) \tag{4.38}$$

最后，求积分和取幂（即消除两边的微分项和对数项），将积分常数设为 0，得到下面的方程：

$$\mathrm{EI} = V_{\mathrm{P}}^{1+\tan^2\theta} V_{\mathrm{S}}^{8K\sin^2\theta} \rho^{1-8K\sin^2\theta} \tag{4.39}$$

已知纵波速度、横波速度、密度和 θ（Connolly，1999；Lu 和 McMcchan，2004；Mallick，2001；Maurya，2019），式（4.39）用于预测弹性波阻抗的最终输出。

用加拿大佩诺布斯科特油田的真实数据来说明弹性波阻抗反演（EI）预测地下弹性特征的能力。以过 L30 井附近的主测线 1161~1200 和联络测线 1001~1481 的叠前地震数据作为输入。首先进行数据准备，包括部分叠加、层位拾取、深度—时间转换、子波提取和生成低频初始模型。如图 4.15 所示，通常情况下，信噪比因叠加有所增加，但也注意到，与近角度叠加剖面的分辨率相比，远角度叠加剖面的分辨率提高得更多（箭头突出显）。

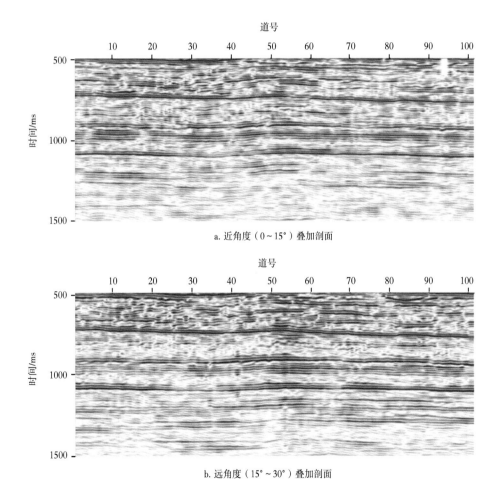

a. 近角度（0~15°）叠加剖面

b. 远角度（15°~30°）叠加剖面

图 4.15　近角度叠加和远角度叠加剖面（主测线 1165）

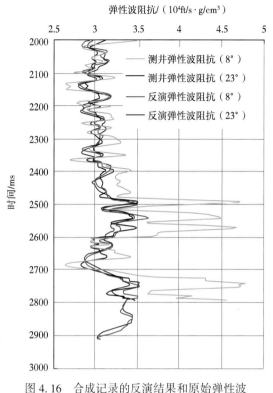

图 4.16　合成记录的反演结果和原始弹性波阻抗结果对比

近角度叠加的入射角是 0～15°，远角度叠加的入射角是 15°～30°。在准备好资料后，分两步对资料进行弹性波阻抗反演，首先从近角度叠加和远角度叠加道集中分别提取井位附近的合成记录道，然后对该合成记录道进行反演，并与测井曲线进行比较。

图 4.16 是近角度叠加和远角度叠加的弹性波阻抗反演与测井阻抗反演的对比图。可以看出，近角度叠加和远角度叠加的 EI 反演与测井曲线的 EI 反演吻合度很好。预测的平均相关系数（0.94）很高，误差为 0.13，说明了该算法效果很好。为了质量检查，将近角度叠加和远角度叠加的原始弹性波阻抗与弹性波阻抗反演之间生成交会图，如图 4.17 所示，在近角度叠加和远角度叠加两种情况下，多数散射点都位于最佳拟合线附近，说明了

该算法效果很好。

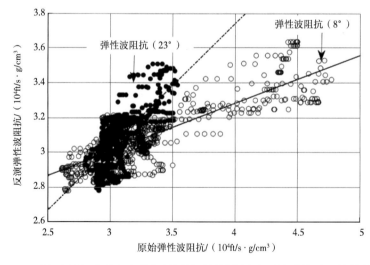

图 4.17　近角度叠加和远角度叠加的原始弹性波阻抗和反演弹性波阻抗的交会图

　　由于弹性波阻抗是声波阻抗的延伸，因此生成并绘制了 AI 反演与近角度叠加、远角度叠加的 AI 反演与 EI 反演的曲线对比图，如图 4.18 所示，EI 反演与 AI 反演的趋势非常相近。一般来说，EI 和 AI 范围不同，EI 在 $4000 \sim 8000 \mathrm{m/s \cdot g/cm^3}$ 之间变化，而 AI 在 $5000 \sim 12000 \mathrm{m/s \cdot g/cm^3}$ 之间变化，因此阻抗更大的区域会出现较大的偏差。图 4.19 为近角度叠加弹性波阻抗与远角度叠加弹性波阻抗的交会图，近角度叠加和远角度叠加的 EI 反演变化相似。图 4.19 分为区域 1 和区域 2：区域 1 包含大部分的数据点，符合趋势；而区域 2 包含的数据点离趋势线较远，表明是异常区。小簇数据点表明地下存在天然气聚集，但天然气聚集量非常小。

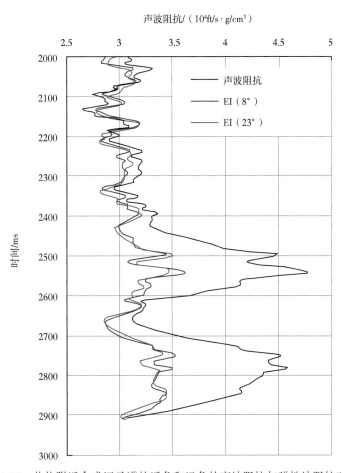

图 4.18　井位附近合成记录道的近角和远角的声波阻抗与弹性波阻抗对比

　　第二步是整个地震剖面的弹性波阻抗反演，主测线 1165 剖面如图 4.20 所示。图 4.20a 为近角度叠加弹性波阻抗，图 4.20b 为远角度叠加弹性波阻抗。两个剖面均显示出地下弹性波阻抗在垂直和水平方向上的变化。从图中均可以看出反射面的分辨率提高，但远角度叠加弹性波阻抗剖面的分辨率要高于近角度叠加弹性波阻抗剖面。

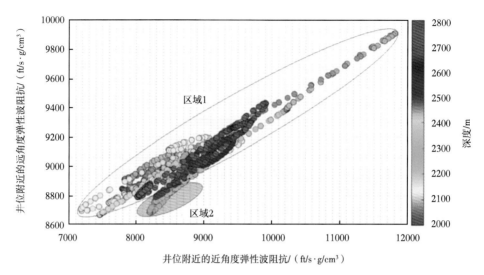

图 4.19　近角度叠加与远角度叠加弹性波阻抗反演的交会图

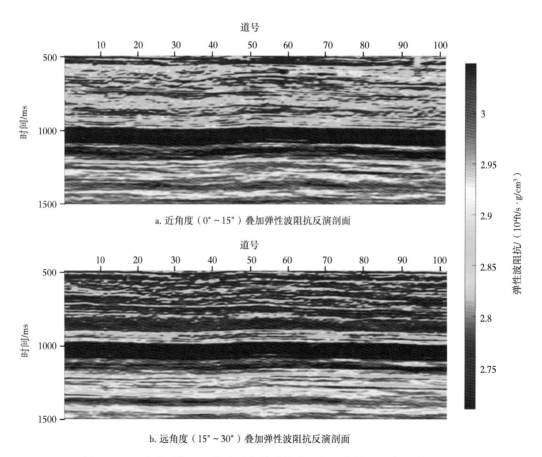

a. 近角度（0°~15°）叠加弹性波阻抗反演剖面

b. 远角度（15°~30°）叠加弹性波阻抗反演剖面

图 4.20　近角度叠加和远角度叠加的弹性波阻抗反演剖面（主测线 1165）

通常利用交会图来观察该区域中出现的异常区，因此，需要生成整个数据集的近角度叠加和远角度叠加弹性波阻抗，如图4.21所示。图4.21分为区域1和区域2：区域1包含大部分数据点，符合趋势；而区域2包含的数据点远离趋势线，表明是异常区。小簇数据点表明地下存在气体地层，但气体聚集量很小，无法通过常规的地震剖面和声波阻抗反演剖面检测出来。在地震剖面上标识出少量气体聚集的位置，如图4.22所示。这是在输入地震数据时表示异常带的标准方法，因此可以证明这些反演方法能够检测油气层（图4.20至图4.22）。

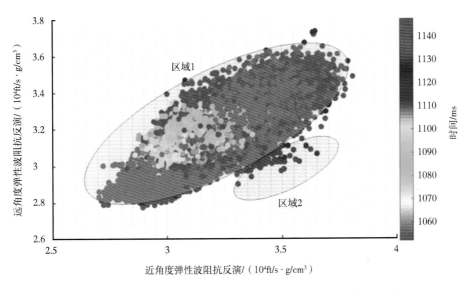

图4.21　近角度叠加和远角度叠加数据的弹性波阻抗反演交会图

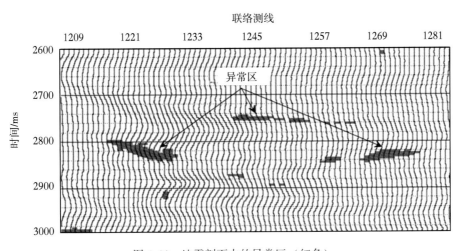

图4.22　地震剖面中的异常区（红色）

参 考 文 献

Aki K, Richards PG (1980) Quantitative seismology. W. H. Freeman and Company, San Francisco, CA.

Ankeny L, Braile L, Olsen K (1986) Upper crustal structure beneath the Jemez Mountains volcanic field, New Mexico, determined by three-dimensional simultaneous inversion of seismic refraction and earthquake data. J Geophys Res Solid Earth 91 (B6): 6188-6198.

Buland A, Omre H (2003) Bayesian linearized AVO inversion. Geophysics 68 (1): 185-198.

Buland A, Landre M, Andersen M, Dahl T (1996) AVO inversion of troll field data. Geophysics 61 (6): 1589-1602.

Burianyk M, Pickfort S (2000) Amplitude-vs-offset and seismic rock property analysis: a primer. CSEG Recorder 25 (9): 6-16.

Castagna JP, Batzle ML, Eastwood RL (1985) Relationships between compressional-wave and shear-wave velocities in clastic silicate rocks. Geophysics 50 (4): 571-581.

Connolly P (1999) Elastic impedance. Lead Edge 18: 438-452.

Demirbag E, Coruh C, Costain JK, Castagna JP, Backus MM (1993) Inversion of P-wave AVO in offset-dependent reflectivity. Theory Practice AVO Anal Soc Expl Geophys 287-302.

Fatti JL, Smith GC, Vail PJ, Strauss PJ, Levitt PR (1994) Detection of gas in sandstone reservoirs using avo analysis: a 3-d seismic case history using the geo-stack technique. Geophysics 59 (9): 1362-1376.

Gardner GHF, Gardner LW, Gregory AR (1974) Formation velocity and density—the diagnostic basics for stratigraphic traps. Geophysics 39: 770-780.

Goodway B, Chen T, Downton J (1997) Improved AVO fluid detection and lithology discrimination using Lamé petrophysical parameters: "$\lambda\rho$" $\mu\rho$ and λ/μ fluid stack" From P and S inversions. In: SEG Annual Meeting, Society of Exploration Geophysicists, pp 183-186.

Gray D, Andersen E (2000) The application of AVO and inversion to the estimation of rock properties. In: SEG Technical Program Expanded Abstracts, Society of Exploration Geophysicists, pp 549-552.

Hampson D (1991) AVO inversion, theory and practice. The Leading Edge 10 (6): 39-42.

Hampson DP, Russell BH, Bankhead B (2005) Simultaneous inversion of pre-stack seismic data. In: SEG Technical Program Expanded Abstracts, Society of Exploration Geophysicists, pp 1633-1637.

Larson RG (1999) The structure and rheology of complex fluids, vol 150. Oxford University Press, New York.

Lu S, McMechan GA (2004) Elastic impedance inversion of multichannel seismic data from un-consolidated sediments containing gas hydrate and free gas elastic inversion of gas hydrate. Geophysics 69 (1): 164−179.

Ma XQ (2001) A constrained global inversion method using an over parameterized scheme: application to post-stack seismic data. Geophysics 66 (2): 613−626.

Ma XQ (2002) Simultaneous inversion of prestack seismic data for rock properties using simulated annealing. Geophysics 67 (6): 1877−1885.

Mallick S (2001) AVO and elastic impedance. Lead Edge 20 (10): 1094−1104.

Mallick S (1995) Model-based inversion of amplitude-variations-with-offset data using a genetic algorithm. Geophysics 60 (4): 939−954.

Maurya SP, Singh KH (2015) Reservoir characterization using model-based inversion and probabilistic neural network. Discovery 49 (228): 122−127.

Maurya SP (2019) Estimating elastic impedance from seismic inversion method: a case study from Nova Scotia field, Canada. Curr Sci 116 (4): 1−8.

Maurya SP, Singh NP (2018) Application of LP and ML sparse spike inversion with a probabilistic neural network to classify reservoir facies distribution—a case study from the Blackfoot Field, Canada. J Appl Geophys 159: 511−521.

MoraP (1987) Nonlinear two-dimensional elastic inversion of multi offset seismic data. Geophysics 52 (9): 1211−1228.

Nolet G (1978) Simultaneous inversion of seismic data. Geophys J Int 55 (3): 679−691.

Pan GS, Young CY, Castagna JP (1994) An integrated target-oriented pre-stack elastic waveform inversion: sensitivity, calibration, and application. Geophysics 59 (9): 1392−1404.

Paul A, Cattaneo M, Thouvenot F, Spallarossa D, Béthoux N, Fréchet J (2001) A three-dimensional crustal velocity model of the southwestern Alps from local earthquake tomography. J Geophys Res Solid Earth 106 (B9): 19367−19389.

Richards PG, Frasier CW (1976) Scattering of elastic waves from depth-dependent inhomogeneities. Geophysics 41 (3): 441−458.

Russell B (1988) Introduction to seismic inversion methods. The SEG Course Notes, Series 2.

Sen MK, Stoffa PL (1991) Nonlinear one-dimensional seismic waveform inversion using simulated annealing. Geophysics 56 (10): 1624−1638.

Sherrill FG, Mallick S, WesternGeco L. L. C. (2008) 3D pre-stack full-waveform inversion. U. S. Patent 7, 373, 252.

Shuey R (1985) A simplification of the zoeppritz equations. Geophysics 50 (4): 609−614.

Shu-jin Y (2007) Progress of pre-stack inversion and application in exploration of the lithological reservoirs. Progr Geophys 3: 032.

Simmons JL, Backus MM (1996) Waveform-based avo inversion and avo prediction-error. Geophysics 61 (6): 1575-1588.

Simmons JL, Backus MM (2003) An introduction multicomponent. Lead Edge 22 (12): 1227-1262.

Tarantola A (1986) A strategy for nonlinear elastic inversion of seismic reflection data. Geophysics 51 (10): 1893-1903.

Whitcombe DN (2002) Elastic impedance normalization. Geophysics 67 (1): 60-62.

第 5 章　AVO 反演

本章详细讨论了振幅随偏移距的变化。该方法利用 CMP 道集生成 AVO 属性，可很好地反映气层的存在。本章分为两部分，第一部分讨论流体替换模型，第二部分讨论 AVO 反演。首先对这些方法做了详细阐述，然后以合成数据和实际数据作为实例进行探讨论述。

5.1　引言

地震反射振幅随炮点与检波器之间距离的变化，反映了反射界面上覆、下伏岩石的岩性和流体含量的差异，可用于分析储层的岩石类型和流体类型。AVO 反演是地球物理学家尝试确定岩石厚度、孔隙度、密度、速度、岩性和流体含量的一种技术。要成功进行 AVO 分析，用已知流体含量确定岩石性质，需要对地震数据和地震模型进行特殊处理。有了这些就可以模拟其他类型的流体含量。含气砂岩的振幅可能随着偏移距的增大而增大，而煤的振幅可能随着偏移距的增大而减小（Russell，1988）。

AVO 比较的是地震振幅随偏移距的变化。1984 年，Ostrander 首次提出 AVO 反演，它是一种强大的地球物理技术，有助于直接从地震记录中检测气体。标准的 AVO 反演预测首先需要利用弹性反射系数公式估算油气藏的有效弹性参数；然后将储层建模为多孔介质，并根据有效弹性参数推导出多孔参数。严格来说，反射系数是多孔介质的近似。AVO 评价的主要目标是利用标准地表地震信息获取地下岩石特征。这些岩石特征有助于确定岩性、流体饱和度和孔隙度。1955 年，Koefoed 还建议通过分析反射系数与入射角曲线的形态进行岩性解释。Knott 功率方程（或 Zoeppritz 方程）的解表明，弹性边界反射的能量随入射波的入射角而变化（Muskat 和 Meres，1940；Koefoed，1955，1962）。他还认为反射系数随入射角的变化取决于穿过弹性边界时泊松比的差异。泊松比就是横向应变—纵向应变的比（Sheriff，1973），与弹性介质的纵波速度和横波速度有关，可以表示为：

$$\sigma = \frac{\frac{1}{2}\left(\frac{V_P}{V_S}\right)^2 - 1}{\left(\frac{V_P}{V_S}\right)^2 - 1} \tag{5.1}$$

反射系数随入射角的变化而发生显著变化，可用于区分气体饱和砂层和盐水饱和砂层，因此 AVO 可用于含气砂层的检测（Coulombe，1993）。AVO 分析的局限性是只利用 P 波能量，无法得到唯一解，所以 AVO 结果容易被误解（Pendrel 和 Dickson，2003）。常见的一种错误解释是无法区分储层充满气体和储层只有部分含气饱和。为了解决这一问题，利用震源产生或模态转换的横波能量进行 AVO 分析可以区分含气饱和度。年代新的、胶结差的岩石的 AVO 分析反演效果比年代较老的、胶结良好的 AVO 分析反演效果更好（Simmons 和 Backus，1996）。

本章的目的是了解潜在储层区的岩石性质，进行 AVO 建模，测试 AVO 模型的有效性，并对叠前地震反射数据进行分析。利用常规的速度分析和振幅分析，将油气饱和度与振幅或速度变化联系起来。AVO 反演可分两步进行：首先是流体替换建模，观察储层区因流体替换所引起的地震特征变化；然后进行 AVO 分析预测地下参数。

5.2 流体替换建模

流体替换建模是地震属性研究的一个重要组成部分，它为解释人员模拟不同流体情况提供了有用的技术手段，能解释观测到的振幅随偏移距变化的异常（Smith 等，2003）。模拟从一种流体类型到另一种流体类型的变化首先需要消除初始流体的影响，然后再对新流体进行建模。实践中，需要排干岩石中的原始孔隙流体，计算岩石骨架的多孔结构模量（体积和剪切）和物质密度。一旦正确地确定了多孔结构特征，岩石骨架用新的孔隙液体饱和后，就能计算出新的有效体积模量和密度。

最常用的方法是应用 Gassmann 方程。Gassmann 方程将多孔岩石结构、矿物基质和孔隙流体的体积模量联系起来（Batzle 和 Wang，1992）。Gassmann 方程的使用基于以下假设：岩石均质、具有各向同性；所有孔隙相互连通且相互作用，孔隙压力在整个岩石中平衡；孔隙流体与固体之间无相互作用；孔隙流体对骨架无软化或硬化作用；孔隙流体—岩石是一个封闭系统（Smith 等，2003；Wang，2001）。

建立流体替换模型，需要通过改变储层的流体类型及饱和度，建立起与这些变化相关的合成曲线。在大多数情况下，研究区只有钻遇指定层位（油、气或水）的一口井的测井数据可用。在这种情况下，不可能对包括气、油和水在内的所有储层条件进行 AVO 特征建模。其解决方法是建立储层模型和现有流体模型，然后利用该模型对流体替换类型的合成测井曲线进行预测（Verm 和 Hilterman，1995）。通过纵波测井、横波测井和密度测井资料，利用 Zoeppritz 方程或其近似方法，可以预测不同孔隙流体条件下的储层 AVO 特征，并把合成地震记录与地震资料进行对比。所有流体模型几乎都应用 Gassmann（1951）方程来模拟储层的岩石和流体。根据储层岩石骨架的结构特性，用以预测流体替换引起的储层地震属性（密度、纵波和横波速度）变化。Gassmann 方程表达式为：

$$K_{sat} = K_{dry} + \frac{\left(1 + \dfrac{K_{dry}}{K_m}\right)^2}{\dfrac{\phi}{K_f} + \dfrac{1 - \phi}{K_m} + \dfrac{K_{dry}}{K_m^2}} \tag{5.2}$$

式中，K_{sat} 是孔隙流体饱和岩石的体积模量；K_{dry} 是干岩石骨架（排干孔隙流体）的体积模量；K_m 是储集岩中形成矿物的体积模数；ϕ 是储集岩孔隙度（Kumar，2006）。

辅助方程可写为：

$$K_{sat} = \rho_b \left(V_P^2 - \frac{4}{3} V_S^2 \right) \tag{5.3}$$

$$\mu = \rho_b V_S^2 \tag{5.4}$$

式中，ρ_b 是地层体积密度。

各向异性岩石的体积模量或不可压缩性 K 是静水压力与体积应变之比，与 V_P、V_S 和 ρ_b 有关。剪切模量或剪切刚度 μ 是剪切应力与剪切应变之比，与 V_S 和 ρ_b 有关：

$$V_P = \sqrt{\frac{K_{sat} + \dfrac{4}{3}\mu}{\rho_b}} \tag{5.5}$$

$$V_S = \sqrt{\frac{\mu}{\rho_b}} \tag{5.6}$$

$$\rho_b = \rho_{ma}(1-\phi) + \rho_{fl}\phi \tag{5.7}$$

式中，ρ_{ma} 是基质密度；ρ_{fl} 是流体密度。

Smith 等（2003）表明岩石的 K_{sat} 可能对孔隙流体的成分敏感，但是 μ 不敏感，因此在流体替换过程中不会发生变化，即：

$$\mu_{dry} = \mu_{wet} \tag{5.8}$$

流体替换的目的是模拟给定储层条件（压力、温度、孔隙度、矿物类型和水矿化度）下的储层地震属性（地震波速度）和密度，以及孔隙流体饱和度（如 100% 含水饱和度或只含油或只含气的烃类饱和度）。饱和岩石的密度可以用体积平均方程（质量均衡）简单地计算出来。流体替换后预测地震速度所需的其他参数是弹性模量，可以通过 Gassmann 方程计算。

5.2.1　Gassmann 方程

Gassmann 方程将岩石的体积模量与其孔隙、骨架和流体性质联系起来。预测饱和岩石体积模量 K_{sat} 的 Gassmann 方程为：

$$K_{sat} = K_{frame} + \cfrac{\left(1 + \cfrac{K_{frame}}{K_{matrix}}\right)^2}{\cfrac{\phi}{K_{fl}} + \cfrac{(1-\phi)}{K_{matrix}} - \cfrac{K_{frame}}{K_{matrix}^2}} \tag{5.9}$$

式中，K_{frame}、K_{matrix} 和 K_{fl} 分别是多孔岩石骨架（排干填充孔隙的流体）的体积模量、矿物基质的体积模量、孔隙流体的体积模量。

在 Gassmann 方程中，剪切模量与前面讨论的孔隙流体无关，并且在流体替换过程中恒定。

为了在储层和流体类型给定的条件下预测饱和的体积模量［式（5.9）］，必须估算岩石骨架、基质和孔隙流体的体积模量（Han 和 Batzle，2004）。5.2.2 节将介绍计算体积模量和矿物基质密度、孔隙流体和岩石骨架的公式。

5.2.2 流体性质

体积模量和孔隙流体（盐水、油和气）密度通过不同流体的平均值来估算。首先计算每种流体（盐水、油和气体）的特性。

5.2.2.1 估算盐水的体积模量和密度

根据已知的地震波速度和盐水密度，可以估算出盐水体积模量。相关方程可写为：

$$K_{brine} = \rho_{brine} V_{brine}^2 \times 10^{-6} \tag{5.10}$$

式中，K_{brine} 是体积模量，GPa；ρ_{brine} 是盐水密度，g/cm^3；V_{brine} 是盐水中的纵波速度，m/s（Han 和 Batzle，2004）。

盐水密度可用 Batzle 和 Wang（1992）提出的公式估算，可以写为：

$$\begin{aligned} \rho_{brine} = \rho_w &+ 0.668S + 0.44S^2 \\ &+ 10^{-6}S[300p - 2400pS + T(80 + 3T - 3300S - 13p + 47pS)] \end{aligned} \tag{5.11}$$

式中，ρ_w 是水密度，g/cm^3；S 是盐水的盐度；p 是原位压力，MPa；T 是温度，℃（Wang，2001）。

水的密度很大程度上取决于温度和压力，可以写成如下的形式：

$$\begin{aligned} \rho_w = 1 + 10^{-6}(&-80T - 3.3T^2 + 0.00175T^3 + 489p - 2Tp + 0.016T^2p - 1.3 \\ &\times 10^{-5}T^3p - 0.333p^2 - 0.002Tp^2) \end{aligned} \tag{5.12}$$

盐水的纵波速度还可通过 Batzle 和 Wang（1992）提出的公式来计算，可以写成：

$$\begin{aligned} V_{brine} = V_w &+ S(1170 - 9.6T + 0.055T^2 - 8.5 \times 10^{-5}T^3 + 2.6p - 0.0029Tp \\ &- 0.0476p^2) + S^{1.5}(780 - 10p + 0.16p^2) - 1820S^2 \end{aligned} \tag{5.13}$$

式中，V_w 是纯水中的纵波速度。

在 V_w、T、p 之间存在关系，因此可以用下面的方法来计算纵波速度。

$$V_w = \sum_{i=1}^{5} \sum_{j=1}^{4} w_{ij} T^{i-1} p^{j-1} \tag{5.14}$$

式中，w_{ij} 是常数，由 Batzle 和 Wang（1992）给出，相关值见表 5.1。

表 5.1　水速度计算的系数及其数值

系数	数值	系数	数值
w_{11}	1402.85	w_{13}	3.437×10^{-3}
w_{21}	4.871	w_{23}	1.739×10^{-4}
w_{31}	-0.04783	w_{33}	-2.135×10^{-6}
w_{41}	1.487×10^{-4}	w_{43}	-1.455×10^{-8}
w_{51}	-2.197×10^{-7}	w_{53}	5.23×10^{-11}
w_{12}	1.524	w_{14}	-1.197×10^{-5}
w_{22}	-0.0111	w_{24}	-1.628×10^{-6}
w_{32}	2.747×10^{-4}	w_{34}	1.237×10^{-8}
w_{42}	-6.503×10^{-7}	w_{44}	1.327×10^{-10}
w_{52}	7.987×10^{-10}	w_{54}	4.614×10^{-13}

5.2.2.2　估算油的体积模量和密度

油中含有一定量的溶解气体，用气油比（GOR）表示。油的密度和体积模量取决于温度、压力、气油比和油存在的类型。通过 Batzle 和 Wang（1992）及 Wang（2001）给出的关系式，可以估算出油密度 ρ_{oil} 为：

$$\rho_{oil} = \frac{\rho_S + (0.00277p - 1.71 \times 10^{-7}p^3)(\rho_S - 1.15)^2 + 3.49 \times 10^{-4}p}{0.972 + 3.81 \times 10^{-4}(T + 17.78)^{1.175}} \tag{5.15}$$

式中，ρ_S 是饱和密度。

饱和密度取决于温度和压力，计算公式如下：

$$\rho_S = \frac{\rho_0 + 0.0012 R_G G}{B_0} \tag{5.16}$$

其中：

$$B_0 = 0.972 + 0.00038\left(2.49 R_G \sqrt{\frac{G}{\rho_0}} + T + 17.8\right)^{1.175} \tag{5.17}$$

式中，ρ_0 是在 15.6℃下测量的油参考密度，g/cm^3；R_G 是气油比，L/L；G 是油的密度，°API；B_0 为地层体积因子。

另外，根据 Batzle 和 Wang（1992）及 Wang（2001）给出的关系式，也可以计算出油

中的纵波速度 V_{oil}，方程可写为：

$$V_{oil} = 2096\sqrt{\frac{\rho_{PS}}{2.6 - \rho_{PS}}} - 3.7T + 4.64p + 0.0115\left(\sqrt{\frac{18.33}{\rho_{PS}} - 16.97} - 1\right)Tp \quad (5.18)$$

$$\rho_{PS} = \frac{\rho_0}{(1 + 0.001R_G)B_0} \quad (5.19)$$

式中，ρ_{PS} 是伪密度。

利用式（5.18），可以估算油的纵波速度和密度，因此，油的体积模量计算如下：

$$K_{oil} = \rho_{oil}V_{oil}^2 \times 10^{-6} \quad (5.20)$$

流体由孔隙空间中的盐水和烃类（油和/或气）组成，其体积模量和混合孔隙液相密度可以分别通过不同液相阶段的体积模量平均值和算术密度平均值来估计（Inyang，2009）。在数学上，流体的体积模量 K_{fl} 可以写成：

$$\frac{1}{K_{fl}} = \frac{S_w}{K_{brine}} + \frac{S_H}{K_{hyc}} \quad (5.21)$$

$$S_H = 1 - S_w$$

式中，S_w 是含水饱和度；S_H 是含烃饱和度；K_{hyc} 和 ρ_{hyc} 分别是烃类的体积模量和密度。

同样地，流体密度可写为：

$$\rho_{fl} = S_w\rho_{brine} + S_H\rho_{hyc} \quad (5.22)$$

如果烃类是油，烃类的体积模量与油的体积模量相同，烃类的密度与油的密度相同（Kumar，2006）。同样地，如果烃类是天然气，烃类的体积模量与天然气的体积模量相同，烃类密度与天然气密度相同。

5.2.2.3 估算天然气的体积模量和密度

储层的体积模量和气体密度取决于压力、温度和气体类型。烃类气体可以由许多种气体混合，表现为油密度 G，15.6 ℃下的气体密度—空气密度比和大气压力。通过 Batzle 和 Wang（1992）的关系式，可以计算出气体密度的近似值。关系式为：

$$\rho_{gas} \cong \frac{28.8Gp}{ZR(T + 273.15)} \quad (5.23)$$

式中，R 是气体常数，取 8.314；Z 是压缩系数。

Z 可用伪对比温度与压力的关系来估算：

$$Z = \left[0.03 + 0.00527(3.5 - T_{pr})^3\right]p_{pr} + (0.64T_{pr} - 0.007T_{pr}^4 - 0.52)$$

$$+ 0.109(3.85 - T_{pr})^2\exp\left\{-\left[0.45 + 8\left(0.56 - \frac{1}{T_{pr}}\right)^2\right]\frac{p_{pr}^{1.2}}{T_{pr}}\right\} \quad (5.24)$$

其中：
$$T_{pr} = \frac{T + 273.15}{94.72 + 170.75G} \tag{5.25}$$

$$p_{pr} = \frac{p}{4.892 - 0.4048G} \tag{5.26}$$

式中，T_{pr} 是伪对比温度；p_{pr} 是伪对比压力。

此外，Batzle 和 Wang（1992）提出了气体的体积模量，可写为：

$$K_{gas} \cong \frac{p}{\left(1 - \frac{p_{pr}}{Z}\frac{\partial Z}{\partial p_{pr}}\right)_T} \frac{0.85 + \frac{5.6}{p_{pr}+2} + \frac{27.1}{(p_{pr}+3.5)^2} - 8.7\exp\left[-0.65\left(p_{pr}+1\right)\right]}{1000} \tag{5.27}$$

其中：
$$F = -1.2\frac{p_{pr}^{0.2}}{T_{pr}}\left[0.45 + 8\left(0.56 - \frac{1}{T_{pr}}\right)^2\right]$$
$$\times \exp\left\{-\left[0.45 + 8\left(0.56 - \frac{1}{T_{pr}}\right)^2\right]^{p_{pr}^{1.2}/T_{pr}}\right\} \tag{5.28}$$

$$\left(\frac{\partial Z}{\partial p_{pr}}\right)_T = 0.03 + 0.00527(3.5 - T_{pr})^3 + 0.109(3.85 - T_{pr})^2 F \tag{5.29}$$

利用式（5.27），可以计算出气体的体积模量和密度。如果知道了这些参数，即可开始计算基质性质。

5.2.3　矿物基质性质

为了计算矿物基质的体积模量，需要了解岩石的矿物结构，可通过岩心样品的实验室试验研究获取。在缺乏实验室资料的情况下，可推测岩性为石英和黏土矿物组合（Kumar，2006）。黏土的比例可以通过页岩体积（V_{sh}）曲线得到，通常通过 GR 测井曲线得到。一般页岩地层中黏土含量约为 70%，石英含量为 30%。一旦确定了矿物丰度，就可以利用 Voigt-Reuss-Hill（VRH）（图 5.1）平均公式（Hill，1952）计算基质的体积模量 K_{matrix}：

$$K_{matrix} = \frac{1}{2}\left[(V_{clay}K_{clay} + V_{qtz}K_{qtz}) + \left(\frac{V_{clay}}{K_{clay}} + \frac{V_{qtz}}{K_{qtz}}\right)\right] \tag{5.30}$$

其中：
$$V_{clay} = 70\% V_{qtz} \tag{5.31}$$

$$V_{qtz} = 1 - V_{clay} \tag{5.32}$$

式中，V_{sh}、K_{clay} 和 K_{qtz} 分别是页岩体积、黏土的体积模量和石英的体积模量。

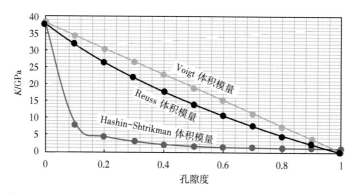

图 5.1 体积模量随孔隙度变化的 Reuss（R）、Voigt（V）和 Hashin-Shtrickman（HS）

曲线（据 Hashin 和 Shtrikman，1963）

$K_0 = 38\mathrm{GPa}$ 和 $G_0 = 44\mathrm{GPa}$，为纯砂岩参数

矿物基质密度 ρ_{matrix} 可通过单一矿物的算术平均密度来估计：

$$\rho_{\mathrm{matrix}} = V_{\mathrm{clay}} \rho_{\mathrm{clay}} + V_{\mathrm{qtz}} \rho_{\mathrm{qtz}} \tag{5.33}$$

式中，ρ_{clay} 和 ρ_{qtz} 分别为黏土矿物和石英矿物的密度。

参数的标准值参考表 5.2（Mavko 和 Mukerji，1998）。

表 5.2 岩石性质及其标准值

参数	标准值
黏土体积模量/GPa	20.9
石英体积模量/GPa	36.6
黏土密度/（g/cm³）	2.58
石英密度/（g/cm³）	2.65

根据式（5.33）可以看出，K_{matrix} 和 ρ_{matrix} 在 Gassmann 方程流体替换过程中保持恒定。

5.2.4 骨架性质

通过实验室测量、经验关系式或 GR 测井资料可推导出骨架的体积模量。通过改写 Gassman 方程与 GR 值交互可确定 K_{frame}（Zhu 和 McMechan，1990；Kumar，2006）：

$$K_{\mathrm{frame}} = \frac{K_{\mathrm{sat}}\left(\dfrac{\phi K_{\mathrm{matrix}}}{K_{\mathrm{ft}}} + 1 - \phi\right) - K_{\mathrm{matrix}}}{\dfrac{\phi K_{\mathrm{matrix}}}{K_{\mathrm{ft}}} + \dfrac{K_{\mathrm{sat}}}{K_{\mathrm{matrix}}} - 1 - \phi} \tag{5.34}$$

式（5.34）中的所有参数可通过前面的方程得知，因此可估算 K_{frame}，并在流体替换过程中保持不变。

5.2.5 FRM 应用

加拿大布莱克福特油田的 01-17 井划分了 7 层，第 6 层（层 5）解释为砂岩层（表 5.3）。在砂岩层进行了流体替换。表 5.4 是流体替换模型中经常作为输入项的常数。

表 5.3　加拿大布莱克福特油田 01-17 井的地层及对应的速度、密度和孔隙度

地层	纵波速度/（m/s）	横波速度/（m/s）	密度/（kg/m³）	孔隙度
海洋（0~16m）	1480	0	1000	
层 1（162~510m）	2978	1396	2060	0.36
层 2（510~812m）	3248	1628	2150	0.30
层 3（812~1332m）	3515	1857	2310	0.20
层 4（1332~1545m）	3963	2244	2520	0.08
层 5（1545~1584m）	3932	2217	2460	0.12
层 6（1584~1600m）	4690	2871	2520	0.08

通过分析可以看出纵波速度在饱和度为 0~20% 之间急剧下降，然后缓慢增加（图 5.2a）。一方面，纵波速度的最大衰减为 2.7%；另一方面，横波速度随着含 CO_2 饱和度的增加而增加，呈正比关系（图 5.2b）。含水饱和度为 100% 时，横波速度平均增长 2.44%。密度随着含 CO_2 饱和度的增加而减小（图 5.2c）。与含水饱和度 100% 相比，随含 CO_2 增加，密度平均降低 4.73%。此外，分析 V_p/V_s 发现，V_p/V_s 随含 CO_2 饱和度增加而降低（图 5.2d）。随着 CO_2 增加，可以预测横波速度的增加和纵波速度的降低，这是可以预测的。与含水饱和度 100% 相比，V_p/V_s 最大降幅为 7.75%。图 5.2d 是 V_p/V_s 的变化，含 CO_2 饱和度为 0~20% 时 V_p/V_s 急剧下降，然后趋于稳定（表 5.5）。

表 5.4　后期用于储层和声速计算的常数

参数	数值
孔隙度	0.11
温度/℃	55.5
CO_2 密度 ρ_{CO_2}/（kg/m³）	800
水密度 ρ_w/（kg/m³）	1020
基质密度 ρ_m/（kg/m³）	2650
CO_2 体积模量 K_{CO_2}/GPa	0.136
水体积模量 K_w/GPa	2.39
基质/固体体积模量 K_s/GPa	37
干岩石体积模量 K_d/GPa	2.56
干岩石剪切模量 μ_d/GPa	0.8569

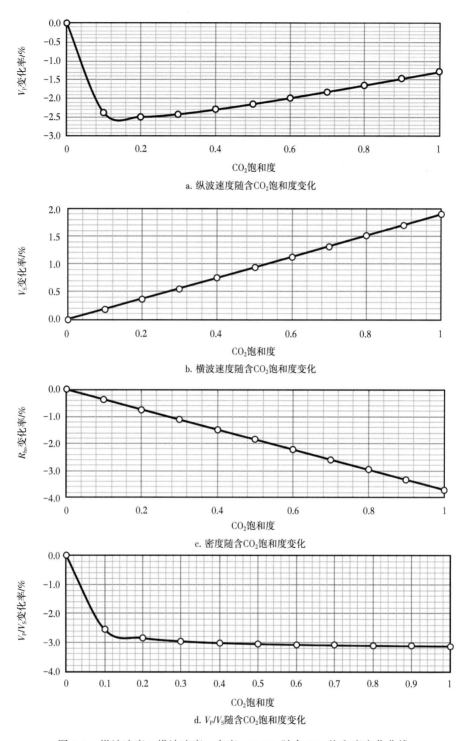

a. 纵波速度随含CO₂饱和度变化

b. 横波速度随含CO₂饱和度变化

c. 密度随含CO₂饱和度变化

d. V_P/V_S随含CO₂饱和度变化

图 5.2 纵波速度、横波速度、密度、V_P/V_S 随含 CO_2 饱和度变化曲线

表 5.5 **Gassmann** 流体替换结果和输入值

含水 饱和度	含 CO_2 饱和度	V_P/ m/s	V_S/ m/s	ρ/ g/cm³	V_P 变化/ m/s	V_S 变化/ m/s	ρ 变化/ g/cm³	V_P/V_S 变化
1	0.0	3969.9	2179.2	2.44	0.0	0.00	0.00	0.00
0.9	0.1	3875.5	2183.3	2.43	2.4	0.19	−0.37	−2.56
0.8	0.2	3872.6	2187.5	2.42	−2.5	0.37	−0.74	−2.85
0.7	0.3	3873.8	2191.4	2.41	−2.4	0.56	−1.11	−2.96
0.6	0.4	3878.7	2195.5	2.40	−2.3	0.75	−1.48	−3.02
0.5	0.5	3884.5	2199.7	2.39	−2.1	0.94	−1.85	−3.06
0.4	0.6	3890.8	2203.8	2.38	−2.0	1.13	−2.22	−3.08
0.3	0.7	3897.5	2208.0	2.37	−1.8	1.32	−2.59	−3.10
0.2	0.8	3904.4	2212.2	2.36	−1.6	1.51	−2.96	−3.12
0.1	0.9	3911.4	2216.5	2.35	−1.5	1.71	−3.33	−3.13
0.0	1.0	3918.6	2220.7	2.35	1.3	1.90	3.70	3.14

注：数据来自 01-17 井点深度 1545m 的第 5 层，储层厚 39m。

此外，还可以从地震振幅变化中监测流体替换的影响。速度和密度因流体替换发生变化，因此，这些岩石物理变化可能会体现在地震响应中，可利用正演模拟法通过 08-08 井的测井速度曲线和密度生成合成地震记录。下面将简要说明正演模拟。

5.3 AVO 模拟

流体替换后，生成叠前合成地震记录。角度相关的反射系数 R_{pp}（θ）通过 Shuey（1985）的三项近似计算：

$$R_{pp}(\theta) \approx R(0) + G\sin^2\theta + F(\tan^2\theta - \sin^2\theta) \tag{5.35}$$

垂直入射 R（0）定义如下：

$$R(0) = \frac{1}{2}\left(\frac{\Delta V_P}{V_P} + \frac{\Delta\rho}{\rho}\right) \tag{5.36}$$

反射系数随角度变化，AVO 梯度 G 的计算如下：

$$G = R(0) - \frac{\Delta V_P}{V_P}\left(\frac{1}{2} + \frac{2\Delta V_S^2}{V_S^2}\right) - \frac{4\Delta V_S^2}{V_P^2}\frac{\Delta V_S}{V_S} \tag{5.37}$$

远偏移距（反射角大于 30°）处的反射系数 F 可以表示为：

$$F = \frac{1}{2}\frac{\Delta V_{\mathrm{P}}}{V_{\mathrm{P}}} \qquad (5.38)$$

每个弹性属性在发生反射的界面的每一边定义如下：

$$\Delta V_{\mathrm{P}} = V_{\mathrm{P2}} - V_{\mathrm{P1}}, \quad V_{\mathrm{P}} = \frac{V_{\mathrm{P2}} + V_{\mathrm{P1}}}{2}$$

$$\Delta V_{\mathrm{S}} = V_{\mathrm{S2}} - V_{\mathrm{S1}}, \quad V_{\mathrm{S}} = \frac{V_{\mathrm{S2}} + V_{\mathrm{S1}}}{2}$$

$$\Delta V_{\mathrm{P}} = V_{\mathrm{P2}} - V_{\mathrm{P1}}, \quad V_{\mathrm{P}} = \frac{V_{\mathrm{P2}} + V_{\mathrm{P1}}}{2}$$

上述公式中的各参数的角标 1，表示计算反射系数的垂直位置，在反射界面上覆介质的平均值；角标 2 表示界面下方的样本，是反射界面下伏介质的平均值（Shuey，1985）。图 5.3 是生成合成道的过程。

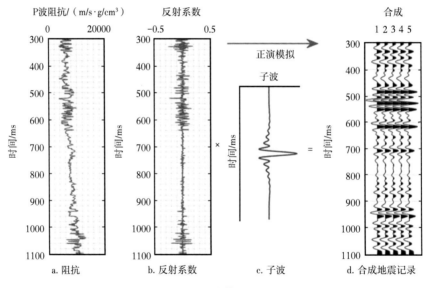

图 5.3　正演模拟步骤

通过在地质统计反演方法中使用 Shuey 线性近似，可以立即获得 AVO 垂直入射 **R**（0）和梯度 G 体，并作为反演结果的一部分（Rutherford 和 Williams，1989；Avseth 和 Bachrach，2005；Castagna 和 Backus，1993；Maurya 和 Singh，2019）。将不确定性直接从反演问题转移到 AVO 反演体，可以更好地评估目标振幅异常的风险，而振幅异常可能与实际的油气聚集有关。但是必须注意的是，任何替代近似都可以用于计算角度相关的反射系数。

5.3.1　FRM 的实用方面

对加拿大 Scotian 陆架佩诺布斯科特油田 Penobscot L-30 井的测井数据进行了流体替换处理。流体替换建模的性质见表 5.6。

表 5.6　AVO 模拟所用的地层的流体和岩石参数

目标区		8654.9～8756.6ft	
孔隙度阈值/%		2	
输入流体参数			
流体参数	盐水	流体参数	CO_2
密度/(g/cm³)	1.09	密度/(g/cm³)	0.13
体积模量/GPa	2.38	体积模量/GPa	0.041
饱和度/%	50	饱和度/%	50
输入基质性质			
石英/%	100	气体体积模量/GPa	0.021
密度/(g/cm³)	2.65	气体密度/(g/cm³)	0.1
体积模量/GPa	36.6	盐水体积模量/GPa	2.38
剪切模量/GPa	45	盐水密度/(g/cm³)	1.09
输出流体参数			
流体参数	盐水	流体参数	油
密度/(g/cm³)	1.09	密度/(g/cm³)	0.75
体积模量/GPa	2.38	体积模量/GPa	1
饱和度/%	50	饱和度/%	0
流体参数	天然气		
密度/(g/cm³)	0.1	饱和度/%	50
体积模量/GPa	0.021		

利用上述参数对加拿大佩诺布斯科特油田的地震资料进行 AVO 模拟，首先观察岩石性质如速度、密度、泊松比的变化，然后观察地震振幅的变化。模拟三种饱和状态：第一种是纯盐水饱和，第二种是纯气饱和，第三种是纯油饱和。图 5.4 为流体替换引起的岩石性质变化。分别用纯盐水、纯气和纯油替代储层流体进行了速度变化监测，纯盐水情况下

速度降低 20%，纯气体情况下速度降低 23%，纯油情况下速度降低 27%。

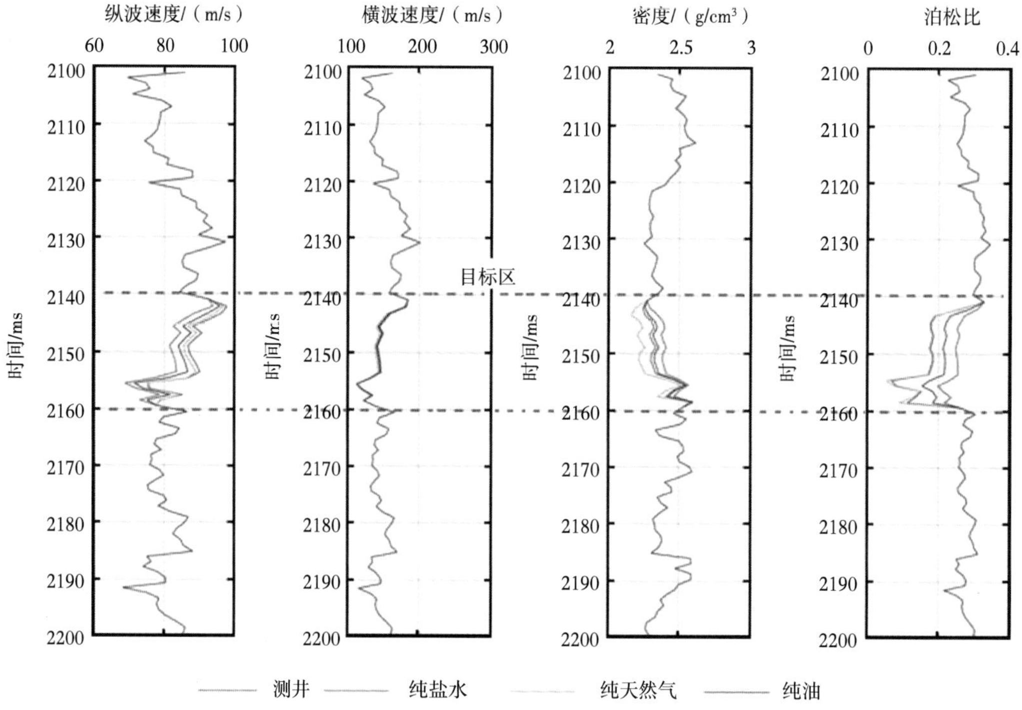

图 5.4　流体替换引起的岩石性质变化

5.3.2　直接烃类检测

直接烃类检测指能提供烃类存在证据的地震信息特征，特别有助于降低钻井失利的风险（Mocnik，2011）。在进行地震剖面解释前，掌握岩石特征及其在剖面上的显现形式至关重要。当储层和围岩之间的声波阻抗发生变化时，呈现出不同类型的地震响应。它们可能是亮点、暗点、平点、极性反转和气烟囱（Swan 等，1993；Dey-Sarkar 等，1995；Luping，2008；Tai 等，2009）。

振幅信息首次作为烃类指示出现于 20 世纪 70 年代初，当时发现了亮点的振幅异常可能与油气圈闭有关。

5.3.2.1　亮点

Hammond（1974）提出了地震资料的定量分析法，引起了全球性找油找气方法的革命性变化。这一发现提高了人们对岩石物理特征的关注，以及对不同岩石和孔隙流体类型的振幅变化的理解（Gardner 等，1974）。研究表明，在较为光滑的砂体中，气体的存在显著提高了岩石的可压缩性，速度下降，振幅减小，产生负极性，这就是"亮点"的解释。高地震振幅异常表明存在烃类，称为亮点。亮点由声波阻抗和调谐影响的重大变化引起，如页岩下伏含气砂时，但也可能并非因存在烃类物质引起，比如岩性变化（White，1977；Mocnik，2011）。亮点经常用作烃类指标。这些振幅峰值可能由天然气引起，导致孔隙空间的反射系数增大。但在松散碎屑岩中，振幅增加不能指示存在碳氢化合物。如图 5.5 所示，砂体阻抗减小导致含烃构造顶部的振幅增加。

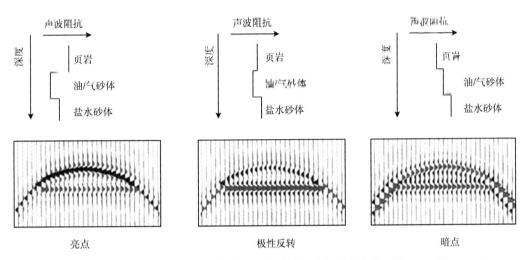

图 5.5 不同油/气盐水砂体响应的亮点、极性反转和暗点示意模型（据 Bacon 等，2007）

5.3.2.2 平点

平点反映了烃类界面的地震反应，近乎呈水平状。这种界面可以是气—油、油—水、气—水界面。若要描述平点，油气藏的厚度需比垂直分辨率大得多。平点通常很难定位；水道边或水道底、低角度断层、或处理假象经常被误解为平点（Luping，2008；Mocnik，2011）。储层中含气饱和度低也会引起平点。在烃类—水接触时发现"平点"非常关键。这是一个复杂的反射界面（声波阻抗增加），振幅偏移应处于相同地震波旅行时间内。如果油和气都存在，应该存在两个独立、明显的平点，一个位于油气界面，一个位于油水界面附近（Backus 和 Chen，1975；Swan 等，1993）。

5.3.2.3 暗点

高度固结砂体的声波阻抗比上覆页岩高会产生暗点。如图 5.5 所示，砂岩顶部存在强波峰。在孔隙中增加碳氢化合物会导致砂岩的速度和密度降低；然而，反射系数的极性不会显著减小（Chen 和 Sidney，1997）。碳氢化合物的声波阻抗和反射系数降低，从而产生一个暗点。尤其是小断层影响构造时，这种情况通常很难解释。对于页岩下的复杂含盐水砂体和复杂含油气砂体，在储层顶部会出现一个"暗区"或振幅下降（图 5.5）。暗点无法简单识别，应该与平点构造和相同地震波旅行时间一样进行识别（Mocnik，2011；Brown，2012）。

在分析地震信息时要考虑的因素多种多样，主要取决于气体聚集的声学效应、上覆介质、孔隙度、深度、含水饱和度和储层类型。因此，仅观察到振幅异常可能不足以确定含烃性；应考虑气/油存在对地震信号产生的所有影响，具体包括的因素不仅是振幅，还有频率和相位（Li 和 Mueller，1997）。

5.3.2.4 极性反转

如果在含水饱和状态下储层声波阻抗大于围岩，如果局部水—气替换降低了含气饱和区的声波阻抗，小于围岩阻抗，那么气层顶部的反射表现出极性的反转。但这不是含气的必要证据，因为这些情况可能发生，也可能不会发生；由于干扰和微小的断层影响，也很难识别极性反转（Keys，1989；Chen 和 Sidney，1997；Luping，2008）。

相变也被认为是极性反转可能条件，由于周围的储层岩石速度降低导致。在局部固结砂体含水时会发生声波阻抗比上覆页岩稍高，在砂体底部表现为一个小的反射系数。随着烃类进入孔隙空间，砂岩的速度和密度降低，将导致声波阻抗降低到比上覆页岩稍低（Taietal，2009；Mocnik，2011）。从而在含油气砂岩底部反射发生反转，从一个波峰到缓波谷，如图 5.5 所示。

5.3.3 基于测井记录的 AVO 合成建模

Chiburis 等（1993）指出，AVO 识别流体通过将实际信息与合成地震记录进行 AVO 比较来实现。本书利用 Hampson-Russell 的 AVO 反演生成流体饱和介质（油、盐水、气）的 AVO 合成记录，输入的密度和速度（P 波和 S 波）参数来自加拿大佩诺布斯科特油田 L-30 井。利用 Zoeppritz 方程和弹性流体方程，合成了 2100~2300ms 区间的地震记录，并对结果进行了对比分析。虽然这两个方程都能计算地震波的振幅，但 Zoeppritz 方程只识别反射纵波的平面波振幅，而忽略了层间多次波和转换波（Russell，1999）。另一方面，弹性波算法考虑了多次波和转换波。生成合成地震记录的两种算法，都引入了传输和几何扩散误差，这将导致一个伪三类 AVO。所关注的地震轴是储层砂体与盖层页岩之间边界，对应的振幅升高。三种合成地震记录（油、盐水、气）均表现出较大的垂直反射振幅，天然气合成记录振幅最大，盐水最小，油在盐水和气之间。

通过对储层中的气、油和盐水建模，可以观察这些烃类指标。考虑了三种情况：第一种是储层为纯盐水饱和，观察地震剖面相应的变化；第二种和第三种是纯油和纯气饱和，观察相应的地震振幅变化。此外，还比较了三种情况下地震振幅随偏移距的变化。相应变化如图 5.6 至图 5.8 所示。

通过流体替换可以看出，含气饱和度对储层的影响大于同量油对储层的影响。一方面，含气储层的声波阻抗最低，反射振幅最大，而含盐砂岩的声波阻抗最高，反射振幅最低。另一方面，含油砂岩特征介于含气和含盐水之间。

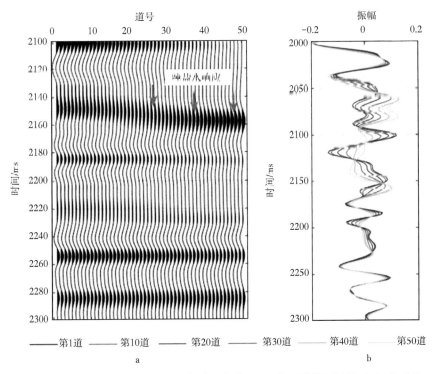

图 5.6 纯盐水情况下地震振幅随偏移距变化（a）和不同道间振幅（b）的对比

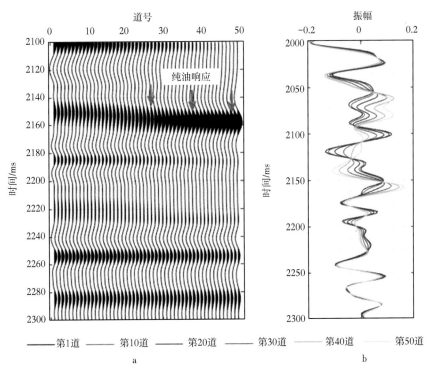

图 5.7 纯油情况下地震振幅随偏移距变化（a）和不同道间振幅（b）的对比

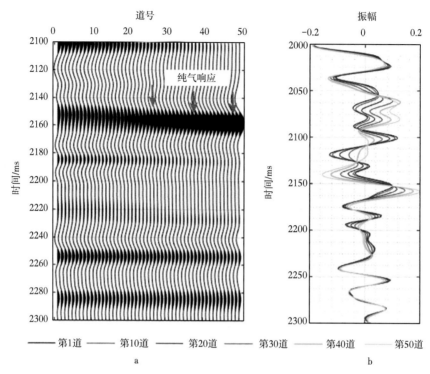

图 5.8 纯气情况下地震振幅随偏移距变化（a）和不同道间振幅（b）的对比

5.4 AVO 分析

振幅随偏移距变化（AVO），即地震反射振幅随炮点和检波器之间距离的变化，表明了反射层上覆、下伏岩石岩性和流体含量的差异，也称为振幅随入射角变化（AVA）。通常在 CMP 道集上进行 AVO 研究，显示出随角度增加的偏移量。AVO 异常通常表现为沉积剖面上 AVO 增加（上升），通常是油气藏的声波阻抗低于周围的页岩区域（Fatti 等，1994；Dufour 等，1998，2002）。通常情况下，振幅会由于几何排列、衰减和其他因素随着偏移距增大而减小。

通常，地震振幅随震源和接收点之间范围的变化与反射层上覆、下伏的岩石岩性和流体含量的变化有关。但是需要特殊的地震数据采集、处理和解释方法来实现 AVO 分析的最佳结果。地下地质条件相当复杂，不同岩石的 AVO 响应不同，然而这些岩石可能充注相同流体或具有相同孔隙度。

5.4.1 AVO 分类

Rutherford 和 Williams（1989）研究了 AVO 异常的分类方案，Ross 和 Kinman（1995）及 Castagna 和 Swan（1997）对其进行了修改。

Ⅰ类：高阻抗差伴随 AVO 减弱。目的层的阻抗比周围页岩的阻抗更高。

Ⅱ类：砂体和周围页岩之间的阻抗差接近于 0。

Ⅱp类：与Ⅱ类相同，但极性改变。

Ⅲ类：与周围页岩相比阻抗低且 AVO 增强。

Ⅳ类：砂体阻抗低，AVO 减小。

如图 5.9 所示。图 5.9 显示了反射系数随入射角变化。定义了四种不同类型的 AVO，该分类用于检测干层中的含气层。

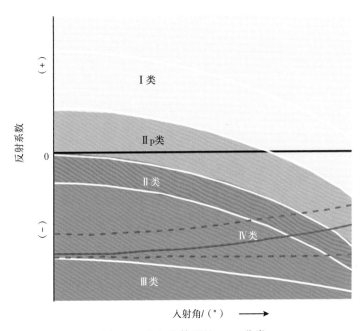

图 5.9　含气砂体顶的 AVO 分类

5.4.2　AVO 理论

AVO 是一种广泛应用于烃类检测的工具，其基本理论很好理解（Smith 和 Gidlow，1987）。在进行 AVA 分析时，通过研究界面的能量分配可以理解 AVO。图 5.10 为边界处的理论能量分配，说明了 AVA 现象重要的一点——纵波能量向横波能量的转换。虽然大多数地震资料记录为单一分量的压力波，但由于地球具有弹性，导致纵波到达的振幅是关于横波反射系数的函数 R_s（Castagna 和 Smith，1994）。实际上，R_s 很难获得，在绝大多数情况下，仅有纵波反射系数 R_p（Smith 和 Sutherland，1996）。

利用 Snell 定律，Knottin（1899）和 Zoeppritz（1919）提出了边界处纵波和横波反射的一般表达式，是接触地层的密度和速度的函数（Knott，1899；Zoeppritz，1919）。虽然 Zoeppritz 并非第一个提出该方法的人，但他与描述界面处地震波反射和折射的复杂方程组有关（Aki 和 Richards，1980）。

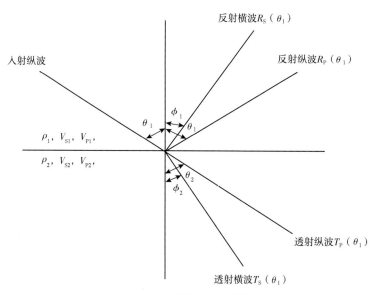

图 5.10　边界的能量分配概念

5.4.2.1　Zoeppritz 方程

Zoeppritz 方程描述了弹性界面上平面波的入射振幅和反射/透射振幅之间的关系。这些方程给出了入射角函数的精确振幅。图 5.10 解释了边界的能量分配。

Zoeppritz 方程可写为：

$$
\begin{bmatrix} R_P(\theta_1) \\ R_S(\theta_1) \\ T_P(\theta_1) \\ T_S(\theta_1) \end{bmatrix} = \begin{bmatrix} -\sin\theta_1 & -\cos\phi_2 & \sin\theta_2 & \cos\phi_2 \\ \cos\theta_1 & -\sin\phi_1 & \cos\theta_2 & -\sin\phi_2 \\ \sin(2\theta_1) & \dfrac{V_{P1}}{V_{S1}}\cos(2\phi_1) & \dfrac{\rho_2 V_{S2}^2 V_{P2}}{\rho_1 V_{S1}^2 V_{P1}}\cos(2\phi_2) & \dfrac{\rho_2 V_{S2} V_{P1}}{\rho_1 V_{S1}}\cos(2\phi_2) \\ -\cos(2\phi_1) & \dfrac{V_{S1}}{V_{P1}}\sin(2\phi_1) & \dfrac{\rho_2 V_{P2}}{\rho_1 V_{P1}}\cos(2\phi_2) & -\dfrac{\rho_2 V_{S2}}{\rho_1 V_{P1}}\sin(2\phi_2) \end{bmatrix} \begin{bmatrix} \sin\theta_2 \\ \cos\theta_1 \\ \sin(2\theta_1) \\ \cos(2\phi_1) \end{bmatrix}
$$

$$(5.39)$$

式中，R_P、R_S、T_P 和 T_S 分别是反射纵波、反射横波、透射纵波和透射横波的振幅系数；θ_1 是入射角；θ_2 是透射纵波角度；ϕ_1 是反射横波角度；ϕ_2 是透射横波角度。

利用 Zoeppritz 方程常用于估算反射系数和透射系数，但是通过对 Zoeppritz 方程的矩阵形式求逆，也可以作为角度的函数（Larsen 等，1999；Xu 和 Bancroft，1997）。

AVA/AVO 分析通常使用 Zoeppritz 方程的小差异近似，下面将逐一讨论。

5.4.2.2　Aki-Richards 近似

上述讨论的 Zoeppritz 方程根据过边界的弹性参数的微小变化进一步线性化，得到完整的 Zoeppritz 方程的近似（Aki 和 Richards，2002）。该方程称为 Zoeppritz 方程的 Aki-Richards 近似，可以表示为：

$$R(\theta) = a\frac{\Delta V_{\mathrm{P}}}{V_{\mathrm{P}}} + b\frac{\Delta V_{\mathrm{S}}}{V_{\mathrm{S}}} + c\frac{\Delta\rho}{\rho} \tag{5.40}$$

其中：
$$a = \frac{1}{2\cos^2\theta}, \quad b = 0.5 - \left(\frac{V_{\mathrm{S}}}{V_{\mathrm{P}}}\right)^2\sin^2\theta, \quad c = 4\left(\frac{V_{\mathrm{S}}}{V_{\mathrm{P}}}\right)^2\sin^2\theta$$

5.4.2.3　Wiggins 近似

Wiggins 等（1983）将关于弹性参数扰动（Russell，1988）的 Zoeppritz 方程的三项进行了分离，可以写成：

$$R(\theta) = A + B\sin^2\theta + C\tan^2\theta\sin^2\theta \tag{5.41}$$

其中：
$$A = \frac{1}{2}\left(\frac{\Delta V_{\mathrm{P}}}{V_{\mathrm{P}}} + \frac{\Delta\rho}{\rho}\right), \quad B = \frac{1}{2}\frac{\Delta V_{\mathrm{P}}}{V_{\mathrm{P}}} - 4\left(\frac{V_{\mathrm{S}}}{V_{\mathrm{P}}}\right)^2\frac{\Delta V_{\mathrm{S}}}{V_{\mathrm{S}}} - 2\left(\frac{V_{\mathrm{S}}}{V_{\mathrm{P}}}\right)^2\frac{\Delta\rho}{\rho}, \quad C = \frac{1}{2}\frac{\Delta V_{\mathrm{P}}}{V_{\mathrm{S}}}$$

式（5.40）和式（5.41）预测了振幅和 $\sin^2\theta$ 之间的近似线性关系（Aki 和 Richards，2002）。式（5.6）中截距 A 是零偏移距反射系数，是纵波速度和密度的函数。AVO 梯度 B 取决于纵波速度、横波速度和密度。梯度对振幅随偏移量变化的影响最大。曲率因子 C 对30°以下入射角的振幅的影响非常小。利用 Aki-Richards 方程的两项，可以在 CMP 道集不同的反射时间提取地震振幅。由此产生了截距和梯度地震属性 A（t）和 B（t）。

在三维地震数据集中，可利用上面讨论的地震属性 A 和 B 产生属性体。但是，属性体很少单独使用，因为它们仍然不能提供储层性质的明确指标。利用这些参数的不同组合生成辅助属性，下面几节将讨论其中一些组合：

（1）AVO 乘积（AB）。对指示经典亮点有益的属性，亮点同时具有高振幅 A 和增强梯度 B（Castagna 和 Smith，1994）。例如，Ⅲ类含气砂岩阻抗小，A 和 B 在砂岩顶为负，在砂岩底为正。因此对于该种储层的顶和底，乘积 AB 显示较大正值。

（2）泊松比变化（$A+B$）。这一特性基于泊松比 σ 约为 1/3 的假设，所以 $A+B = (9/4)\Delta\sigma$。因此这一特征表示泊松比的相对变化，表现为随 $V_{\mathrm{P}}/V_{\mathrm{S}}$ 变化。含气砂体中，由于纵波速度变化很大，而横波速度变化很小，这一参数在储层顶降低，在储层底增加。

（3）剪切反射系数（$A-B$）。通常情况下，近似 $V_{\mathrm{P}}/V_{\mathrm{S}} = 2$，相当于泊松比是 1/3，那么 $A-B$ 与横波反射系数 $2R_{\mathrm{S}}$ 成比例。

（1）AVO 梯度分析。

梯度分析方法使 AVO 函数的参数能够在选定的地震数据集上进行测试。因此，该特性可用于查看在 AVO 属性体和映射函数中应用哪些属性，还能够确定 AVO 异常类别（Ramos 和 Davis，1997）。

当模拟反射振幅相对于道偏移距变化时，交会图产生了截距，即是零偏移距反射满足振幅测量趋势的位置。图上的梯度是由绘图点得到的曲线斜率（Li 等，2007）。可利用梯度和截距的和或差反映 AVO 异常。偏移量通常描述为反射角度正弦的平方（图 5.11 和图 5.12）。

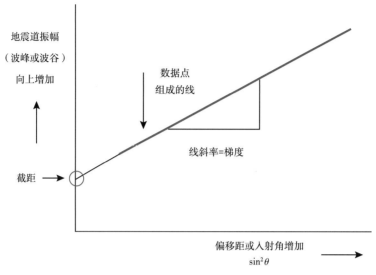

图 5.11　$\sin^2\theta$ 与截距的交会图

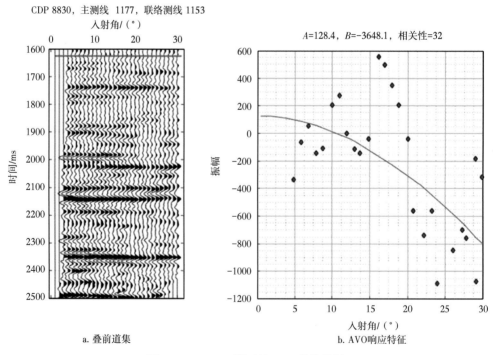

图 5.12　1626ms 附近的 AVO 异常分析

红线表示提取振幅的时间位置，拟合曲线是 Aki-Richards 两项方程的曲线

图 5.12 至图 5.14 是从数据集中选择的几个 CMP 道集的振幅随入射角变化的曲线。利用这些振幅曲线来估计截距 *A* 和梯度 *B*。在约 1626ms、2353ms 和 2365ms 处做 AVO 异常分析，如图 5.13 所示。

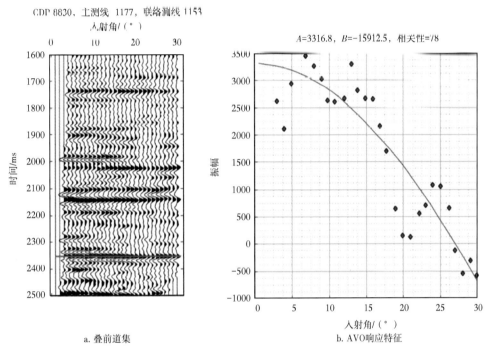

a. 叠前道集　　　　　　　　b. AVO响应特征

图 5.13　2353ms 附近的 AVO 异常分析

红线表示提取振幅的时间位置，拟合曲线是 Aki-Richards 两项方程的曲线

注意到这是一个典型的 II$_p$ 类 AVO 异常，其振幅在砂体顶部的波谷（红色）和砂体底部的波峰（绿色）都有所增加，而且 AVO 曲线的拟合性很好。从数学上来说，由选取的振幅和拟合曲线之间的相关性来表示，如图顶部。时间 2353ms 和 2365ms 的 AVO 分析如图 5.13 和图 5.14 所示，分别说明了 2353ms 处的 II$_p$ 类 AVO 异常和2365ms 处的IV类 AVO 异常。

（2）AVO 属性体。

通过叠前地震 NMO 校正的 CMP 道集数据可以直接生成 AVO 属性体，如截距（*A*）、梯度（*B*）及其如 AVO 乘积（*AB*）、相对泊松比（*A+B*）、剪切反射系数（*A-B*）和流体系数（FF）等。现在利用 AVO 梯度分析检测 AVO 异常，将计算扩展到整个样本，查看 AVO 异常的分布情况。AVO 属性利用两项或三项的 Aki-Richards 方程从地震数据中获取。这些属性是基于 Aki-Richards 方程所描述的截距、梯度和曲率组合。角道集作为输入，可以根据需求生成不同的 AVO 属性组合。这里生成了两种基本类型的属性，即 AVO *A* 和 AVO *B*。

因为入射角小于 30°，所以只应用两项 Aki-Richards 近似。通常需要高角度数据（超过45°），才能可靠地得到三项方程。利用加拿大佩诺布斯科特油田地震资料计算出的 AVO *A* 和 AVO *B* 属性分别如图 5.15 和图 5.16 所示，能看出截距和梯度属性的变化，因此

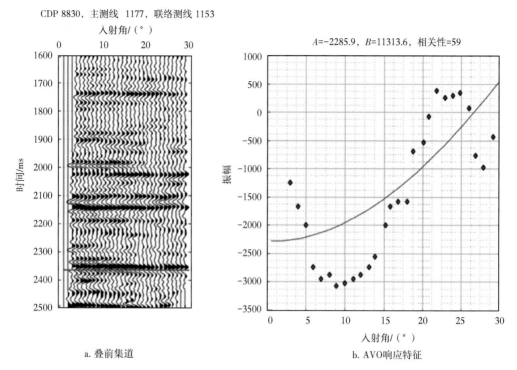

a. 叠前集道   b. AVO响应特征

图 5.14　约 2363ms 处的 AVO 异常分析

红线表示提取振幅的时间位置，拟合曲线是 Aki-Richards 两项方程的曲线

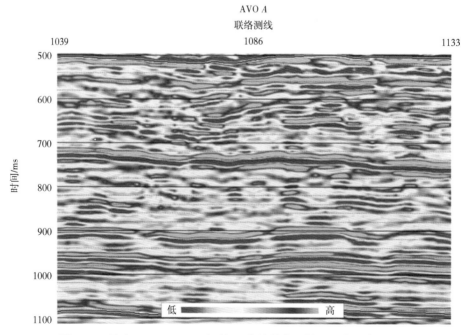

图 5.15　通过 Aki-Richards 两项方程估计的截距剖面（主测线 1163）

AVO *B*

联络测线

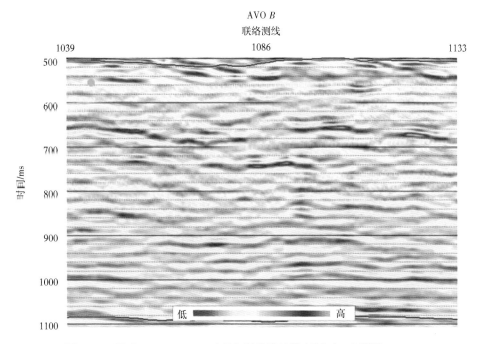

图 5.16　通过 Aki-Richards 两项方程估算的梯度剖面（主测线 1163）

可以用来探测油气层。虽然，目前的数据不存在任何主要的油气藏。

截距（*A*）与梯度（*B*）的交会图是识别 AVO 异常的一种有效的解释技术（图 5.17），该方法由 Castagna 等（1998）提出，基于两种观点：①下面将介绍的 Rutherford 和 Williams（1989）的 AVO 分类方案；②泥岩线。交会图显示了经过原点的泥岩背景线，在象限 1 和象限 3 出现异常，对应于Ⅲ类 AVO 异常（图 5.17）。不同属性组合的切片如图 5.18 所示。这些切片表明提取的地下属性的细微变化。

5.4.2.4　Shuey 近似

Shuey（1985）提出了 Zoeppritz 方程的另一种很有用的简化。依据反射边界的泊松比和密度的变化，他将反射系数分解为垂直入射项和校正项。Shuey 近似可以写成如下形式：

$$R(\theta) \approx R_0 + \left[A_0 R_0 + \frac{\Delta\sigma}{(1-\sigma)^2}\right]\sin^2\theta + \frac{1}{2}\frac{\Delta V_P}{V_P}(\tan^2\theta - \sin^2\theta) \tag{5.42}$$

其中：　　　$R_0 = \frac{1}{2}\left(\frac{\Delta V_P}{V_P} + \frac{\Delta\rho}{\rho}\right)$，$A_0 = B - 2(1+B)\dfrac{1-2\sigma}{1-\sigma}$，$B = \dfrac{\dfrac{\Delta V_P}{V_P}}{\dfrac{\Delta V_P}{V_P} + \dfrac{\Delta\rho}{\rho}}$

式（5.42）中的第一项是 $\theta = 0$ 时的振幅，第二项是中间角度的振幅校正，第三项是宽角度的振幅。对于单向压力的岩样，泊松比 σ 是横向膨胀与纵向压缩的比，或剪切应变

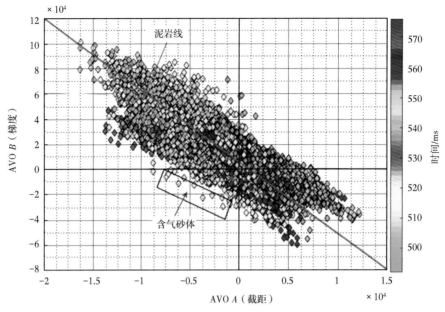

图 5.17　加拿大佩诺布斯科特油田地震资料靠近层位 2 的截距和梯度交会图

Ⅲ类异常突出显示

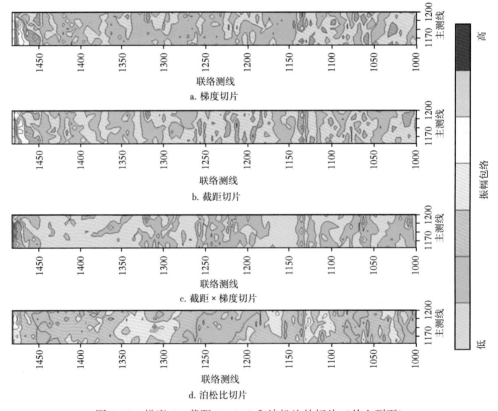

图 5.18　梯度 B、截距 A、$A×B$ 和泊松比的切片（从上到下）

与主应变的比（Yilmaz，2001）。对于各向同性岩石，通过纵波速度与横波速度之比，泊松比可以表示为：

$$\sigma = \frac{\left(\dfrac{V_P}{V_S}\right)^2 - 2}{2\left(\dfrac{V_P}{V_S}\right)^2 - 2} \tag{5.43}$$

V_P/V_S 增大时，泊松比增大，反之亦然，因此气藏的泊松比通常较低（Ma 和 Morozov，2010），含气砂体的泊松比通常等于 0.1。由于岩石体积模量相纵波速度的变化，气体或流体饱和度的变化会显著地改变泊松比。同时，剪切模量仅略有变化，因此流体饱和度对横波速度影响不大（Gassmann，1951），而且流体饱和度的增加会降低纵波反射系数，从而降低泊松比。

5.4.2.5　Fatti 近似

Fatti 等（1994）给出了 Aki-Richards 方程的另一种形式：

$$R(\theta) = c_1 R_P + c_2 R_S + c_3 R_D \tag{5.44}$$

$$R_P = \frac{1}{2}\left(\frac{\Delta V_P}{V_P} + \frac{\Delta \rho}{\rho}\right) \tag{5.45}$$

$$R_S = \frac{1}{2}\left(\frac{\Delta V_S}{V_S} + \frac{\Delta \rho}{\rho}\right) \tag{5.46}$$

$$R_D = \frac{\Delta \rho}{\rho} \tag{5.47}$$

其中：　$c_1 = 1 + \tan^2\theta$，$c_2 = -8\gamma \sin^2\theta$，$\gamma = \left(\dfrac{V_P}{V_S}\right)^2$，$c_3 = -\dfrac{1}{2}\tan^2\theta + 2\gamma^2 \sin^2\theta$

式（5.44）能根据地震资料计算出 R_P 和 R_S。纵波反射系数和横波反射系数的差（$R_P - R_S$）可作为区分页岩覆盖的含盐水砂岩和含气砂岩的指标。气砂岩的 $R_P - R_S$ 为负值，而盐水砂岩 $R_P - R_S$ 通常负值更大（Castagna 和 Smith，1994）。非储层的 $R_P - R_S$ 趋近常数且接近 0。反射系数 R_P 和 R_S 还能转换为两个新属性，即流体因子（FF）和 λ—μ—ρ（LMR）。图 5.19、图 5.20 和图 5.21 是 R_P 变化、R_S 变化及其交会图。图 5.22 为 $R_P - R_S$ 异常特征剖面图。通过交会图（图 5.21）可以看出小的异常区。

在碎屑沉积层序中，流体因子定义为远离泥岩线的反射层振幅较高，而泥岩线上的所有反射层振幅较低。根据 Fatti 等（1994）的论述，定义流体因子的方程可写为：

$$\Delta F = \frac{\Delta V_P}{V_P} - 1.16\frac{V_S}{V_P}\frac{\Delta V_S}{V_S} \tag{5.48}$$

AVO R_P

联络测线

1039   1086   1133

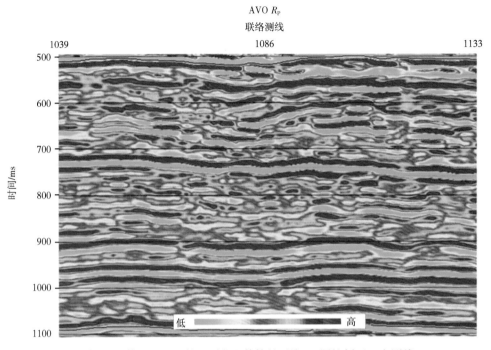

图 5.19   据 Fatti 等（1994）的两项方程估算的反演 R_P 属性剖面（主测线 1165）

AVO R_S

联络测线

1039   1086   1133

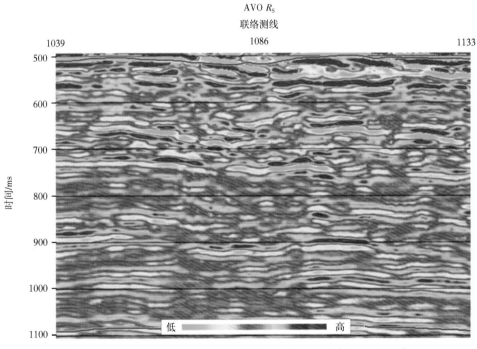

图 5.20   据 Fatti 等（1994）的两项方程估算的反演 R_S 属性剖面（主测线 1165）

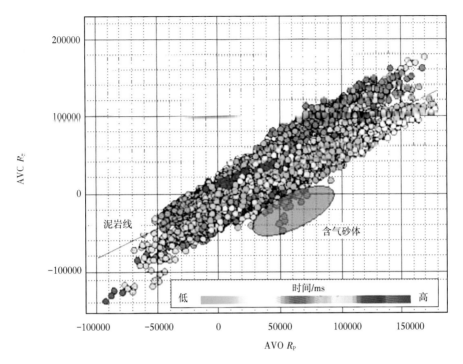

图 5.21　R_P 与 R_S 的交会图（异常区高亮显示）

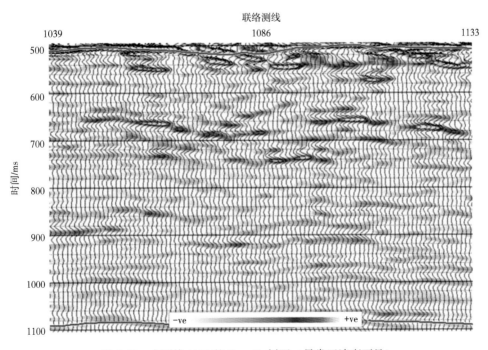

图 5.22　主测线 1165 的 R_P—R_S 剖面（异常区清晰可见）

还可写为：

$$\Delta F = R_P - 1.16 \frac{V_S}{V_P} R_S \tag{5.49}$$

当反射边界上覆、下伏的地层都位于泥岩线上时，例如页岩覆盖盐水砂岩，流体因子等于0。相比之下，当其中一层在泥岩线上，而另一层远离泥岩线时，流体因子非零（Fatti 等，1994）。如果是含气砂体，流体因子在气的顶部和底部都是非零。

$\lambda-\mu-\rho$ 属性（LMR）为拉梅弹性参数 λ、μ 与密度 ρ 组合，形成 $\lambda\rho$ 和 $\mu\rho$，由 Goodway 等（1997）首先提出。纵波阻抗和横波阻抗可以从叠前地震 CMP 道集反演结果中提取，并可以进一步从这些阻抗中提取 $\lambda\rho$ 和 $\mu\rho$。从波速方程出发，有下列关系式：

$$V_P = \sqrt{\frac{\lambda + 2\mu}{\rho}} \tag{5.50}$$

$$V_S = \sqrt{\frac{2\mu}{\rho}} \tag{5.51}$$

由于：

$$\mu\rho = (V_S \rho)^2 = Z_S^2 \tag{5.52}$$

$$(V_P \rho)^2 = Z_P^2 = (\lambda + 2\mu)\rho \tag{5.53}$$

所以：

$$\lambda\rho = Z_P^2 - 2Z_S^2 \tag{5.54}$$

λ（或称不可压缩性）对孔隙流体敏感，而 μ（或称硬度）对岩石基质敏感。

参 考 文 献

Aki K，Richards PG（1980）Quantitative seismology. W. H. Freeman and Company，San Francisco，CA.

Aki K，Richards PG（2002）Quantitative seismology，2nd edn. University Science Books，Sausalito，CA.

Avseth P，Bachrach R（2005）Seismic properties of unconsolidated sands：tangential stiffness，V_P/V_S ratios and diagenesis. In：SEG Technical Program Expanded Abstracts，Society of Exploration Geophysicists，pp 1473–1476.

Backus MM，Chen RL（1975）Flat spot exploration. Geophys Prospect 23（3）：533–577.

Bacon M，Simm R，Redshaw T（2007）3–D seismic interpretation. Cambridge University Press，Cambridge.

Batzle M，Wang Z（1992）Seismic properties of pore fluids. Geophysics 57（11）：1396–1408.

Brown AR（2012）Dim spots：opportunity for future hydrocarbon discoveries？Lead Edge 31

(6)：682-683.

Castagna JP, Backus MM（eds）（1993）Offset-dependent reflectivity—theory and practice of AVO analysis. Soc Explor Geophys.

Castagna JP, Smith SW（1994）Comparison of AVO indicators: a modeling study. Geophysics 59（12）：1849-1855.

Castagna JP, Swan HW（1997）Principles of AVO cross plotting. Lead Edge 16（4）：337-344

Castagna JP, Swan HW, Foster DJ（1998）Framework for AVO gradient and intercept interpretation. Geophysics 63（3）：948-956

Chen Q, Sidney S（1997）Seismic attribute technology for reservoir forecasting and monitoring. Lead Edge 16（5）：445-448.

Chiburis E, Leaney S, Skidmore C, Franck C, McHugo S（1993）Hydrocarbon detection with AVO. Oilfield Rev 5：1-3.

Coulombe AC（1993）Amplitude versus offset analysis using vertical seismic profiling and well log data. The crewes *project*, consortium for research in elastic wave exploration seismology, 167p.

Dey-Sarkar SK, Foster DJ, Smith SW, Swan HW, Atlantic Richfield Co.（1995）Seismic data hydrocarbon indicator. U. S. Patent 5：440, 525.

Dufour J, Goodway B, Shook I, Edmunds A et al（1998）AVO analysis to extract rock parameters on the Blackfoot 3c-3d seismic data. In：68th Annual International SEG Mtg, pp 174-177.

Dufour J, Squires J, Goodway WN, Edmunds A, Shook I（2002）Integrated geological and geophysical interpretation case study, and lame rock parameter extractions using AVO analysis on the Blackfoot 3C-3D seismic data, southern Alberta, Canada. Geophysics 67（1）：27-37.

Fatti JL, Smith GC, Vail PJ, Strauss PJ, Levitt PR（1994）Detection of gas in sandstone reservoirs using AVO analysis: a 3-d seismic case history using the geo-stack technique. Geophysics 59（9）：1362-1376.

Gardner GHF, Gardner LW, Gregory AR（1974）Formation velocity and density —the diagnostic basics for stratigraphic traps. Geophysics 39：770-780.

Gassmann F（1951）Elastic waves through a packing of spheres. Geophysics 16（4）：673-685.

Goodway B, Chen T, Downton J（1997）Improved AVO fluid detection and lithology discrimination using Lamé petrophysical parameters; "$\lambda\rho$", "$\mu\rho$", & "λ/μ fluid stack", from P and S inversions. In：SEG Technical Program Expanded Abstracts, Society of Exploration Geophysicists, pp 183- 186.

Hammond AL（1974）Bright spot: better seismological indicators of gas and oil. Science 185（4150）：515-517.

Han DH, Batzle ML (2004) Gassmann's equation and fluid-saturation effects on seismic velocities. Geophysics 69 (2): 398-405.

Hashin Z, Shtrikman S (1963) A variational approach to the theory of the elastic behavior of multiphase materials. J Mech Phys Solids 11 (2): 127-140.

Hill R (1952) The elastic behavior of a crystalline aggregate. Proc Phys Soc. Sect A 65 (5): 349.

Inyang CB (2009) AVO analysis and impedance inversion for fluid prediction in Hoover Field, Gulf of Mexico, Doctoral dissertation, University of Houston.

Keys RG (1989) Polarity reversals in reflections from layered media. Geophysics 54 (7): 900-905.

Knott CG (1899) Reflexion and refraction of elastic waves, with seismological applications. Lond Edinburgh Dublin Philosop Maga J Sci 48 (290): 64-97.

Koefoed O (1955) On the effect of Poisson's ratios of rock strata on the reflection coefficients of plane waves. Geophys Prospect 3 (4): 381-387.

Koefoed O (1962) Reflection and transmission coefficients for plane longitudinal incident waves. Geophys Prospect 10 (3): 304-351.

Kumar D (2006) A tutorial on Gassmann fluid substitution: formulation, algorithm and Matlab code. Matrix 2: 1.

Larsen JA, Margrave GF, Lu HX (1999) AVO analysis by simultaneous PP and PS weighted stacking applied to 3C-3D seismic data. In: SEG Technical Progress Expanded Abstract, Society of Exploration Geophysicists, pp 721-724.

Li XY, Mueller MC (1997) Case studies of multicomponent seismic data for fracture characterization: Austin Chalk examples. In: Carbonate seismology, Society of Exploration Geophysicists, pp 337-372.

Li Y, Downton J, Xu Y (2007) Practical aspects of AVO modeling. Lead Edge 26 (3): 295-311.

Luping G (2008) Pre-stack inversion and direct hydrocarbon indicator. Geophys Prospect Petroleum, 3.

Ma J, MorozovI (2010) AVO modeling of pressure-saturation effects in Weyburn CO_2 sequestration. Lead Edge 29 (2): 178-183.

Maurya SP, Singh NP (2019) Seismic modelling of CO_2 fluid substitution in a sandstone reservoir: a case study from Alberta, Canada. J Earth Syst Sci 128 (8): 236.

Mavko G, Mukerji T (1998) Bounds on low-frequency seismic velocities in partially saturated rocks. Geophysics 63 (3): 918-924.

Mocnik A（2011）Processing and analysis of seismic reflection data for hydrocarbon exploration in the plio quaternary marine sediments, Doctoral thesis, University of Trieste.

Muskat M, Meres MW（1940）Reflection and transmission coefficients for plane waves in elastic media Geophysics 5（2）: 115-148.

Ostrander W（1984）Plane-wave reflection coefficients for gas sands at nonnormal angles of incidence. Geophysics 49（10）: 1637-1648.

Pendrel J, Dickson T（2003）Simultaneous AVO Inversion to P Impedance and V_p/V_s. In: CSEG Annual Meeting, Expanded Abstract.

Ramos AC, Davis TL（1997）3-D AVO analysis and modeling applied to fracture detection in coalbed methane reservoirs. Geophysics 62（6）: 1683-1695.

Ross CP, Kinman DL（1995）Nonbright-spot AVO: two examples. Geophysics 60（5）: 1398-1408.

Russell B（1988）Introduction to seismic inversion methods. The SEG Course Notes, Series 2.

Russell H（1999）Theory of the STRATA Program. Hampson-Russell, CGG Veritas.

Rutherford SR, Williams RH（1989）Amplitude-versus-offset variations in gas sands. Geophysics 54（6）: 680-688.

Sheriff, R. E. , 1973. Encyclopedic dictionary of exploration geophysics: Tulsa. *Society of Exploration Geophysicists*.

Shuey R（1985）A simplification of the zoeppritz equations. Geophysics 50（4）: 609-614.

Simmons JL, Backus MM（1996）Waveform-based AVO inversion and AVO prediction-error. Geophysics 61（6）: 1575-1588.

Smith GC, Gidlow PM（1987）Weighted stacking for rock property estimation and detection of gas. Geophys Prospect 35（9）: 993-1014.

Smith GC, Sutherland RA（1996）The fluid factor as an AVO indicator. Geophysics 61（5）: 1425-1428.

Smith TM, Sondergeld CH, Rai CS（2003）Gassmann fluid substitutions: A tutorial. Geophysics 68（2）: 430-440.

Swan HW, Castagna JP, Backus MM（1993）Properties of direct AVO hydrocarbon indicators. Offset dependent reflectivity-theory and practice of AVO anomalies. Invest Geophys 8: 78-92.

Tai S, Puryear C, Castagna JP（2009）Local frequency as a direct hydrocarbon indicator. In: SEG Technical Program Expanded Abstracts, Society of Exploration Geophysicists, pp 2160-2164.

Verm R, Hilterman F（1995）Lithology color-coded seismic sections: the calibration of AVO cross plotting to rock properties. Lead Edge 14（8）: 847-853.

Wang Z (2001) Fundamentals of seismic rock physics. Geophysics 66 (2): 398-412.

White RS (1977) Seismic bright spots in the Gulf of Oman. Earth Planet Sci Lett 37 (1): 29-37.

Wiggins R, Kenny GS, McClure CD (1983) A method for determining and displaying the shearvelocity reflectivities of a geologic formation. European patent application, 113944.

Xu Y, Bancroft JC (1997) Joint AVO analysis of PP and PS seismic data. The CREWES Project Research Report, 9.

Yilmaz O (2001) Seismic data analysis, vol 1. Society of Exploration Geophysicists, Tulsa, OK.

Zhu X, McMechan GA (1990) Direct estimation of the bulk modulus of the frame in a fluid saturated elastic medium by Biot theory. In: SEG Technical Program Expanded Abstracts, Society of Exploration Geophysicists, pp 787-790.

Zoeppritz K (1919) On the reflection and propagation of seismic waves. Gottinger Nachrichten 1 (5): 66-84.

第6章 非线性问题的优化方法

优化方法是求反演问题的最大值或最小值的过程。本章在寻找地球物理问题的解决方案时使用这一概念。目前勘探领域中利用地震和测井资料预测地下地质信息时会频繁地应用这些技术。虽然这些方法在地球物理学的几乎所有分支中都有使用，但本章主要聚焦于勘探领域。首先对最速下降法、共轭梯度法、牛顿法等局部优化方法进行探讨；然后利用合成记录和实际数据探讨遗传算法和模拟退火两种全局优化方法，并给出了相应的实例。

6.1　引言

优化方法是在一定条件下得到问题最优解的过程。这是一个寻找反演问题的最大值或最小值的过程（Gill 等，1981）。任何优化技术的目标都是用较小的计算量找到问题的理想的或接近最优的解决方案。优化方法的工作量可以用消耗的时间（计算时间）和空间（工作站内存）来衡量。对于许多优化技术需要在解决方案精度和计算量之间寻找平衡。特别是当代启发式算法，求解的精度随着计算量的增加而提高（Holland，1975）。可以从下面的示例中理解优化方法。

假设一个人从一个地方（例如工作场所）搬到另一个地方（例如家），有很多交通方式可供选择。乘坐出租车可以是一种交通方式，第二种是火车，第三种是球公共汽车到达目的地，第四种是使用多种交通工具换乘。现在的问题是如何使成本和时间最少来决定哪种运输方式更好。在这类问题中，优化技术用来确定成本和时间的最小化，从而决定一个人从一个地方到另一个地方的更好的交通方式。解决这些类型的问题过程如下。

首先，利用问题中提供的信息将物理问题转化为数学模型。然后，利用目标函数和约束条件，将数学模型转化为数学公式。再后，通过求解某种优化技术生成的解决方案（输出）。最后，判断是否是最优解。这一过程如图 6.1 所示。

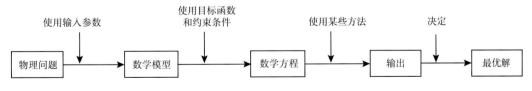

图 6.1　使用优化技术解决非线性问题的过程的示意图

地球物理反演的主要目标之一是发现能够解释地球物理勘探所展示的地质模型。因此，在许多地球物理应用中，最优化作为应用数学的一个分支在这里发挥了重要作用。从这个意义上说，地球物理反演包括在寻找多变量函数的最优值中。

期望的最小化（或最大化）特征由一个误差（或适应度）函数表示，它描述了观测信息和使用假设地质模型计算的合成信息之间的差别（或相似性）。地质模型通常采用描述岩层特征的物理参数来表示，如纵波速度、横波速度、电阻率等。

在利用地球物理信息估算地层特征时，局部和全局优化技术常被采用。本章的目的是介绍几种新研发的局部和全局优化技术在解决地球物理问题时的应用。着重阐述这些算法的实现要素，并对其理论进行详细的说明，以便读者了解这些算法的基本内涵。

优化技术有很多种，可根据问题中提供的目标函数和约束条件来进行选择。在许多地球物理应用中，误差可能非常复杂，并以各种波峰和波谷作为模型参数的函数加以区分，该函数由其形成预期和观测到的地球物理信息之间的差异所限定（Jervis 等，1996）。因此，这样的特征将有几个最小值和最大值；所有最小值中的最小值称为全局最小值，而所有其他最小值称为局部最小值。需要注意的是，全局最小值是局部最小值之一，但反过来，可能存在多个深度几乎相同的最小值（Sen 和 Stoffa，2013）。他们使用误差函数的局部特征来计算当前响应的更新并搜索减小方向。因此，如果起始点更接近某个局部极小值而不是全局最小值，则这些算法将丢失全局最小值解。一个多世纪以来，地球物理学家一直被局部最小值问题所困扰。

优化方法有两大类：第一类是局部优化方法，第二类是全局优化方法。局部优化方法通常在初始模型附近寻找局部最小解，全局优化方法有从局部最小值跳跃到全局最小值的趋势（Sen 和 Stoffa，2013）。这些局部和全局优化方法又分为几个子部分。在下面几节中，将对它们进行简要说明。在讨论这些优化方法之前，首先讨论两种技术使用的不同类型的优化方法。

6.2　适配函数

一方面，适配函数具有连续或离散特征。当适配函数中变量只能取有限个数时，称为离散优化问题。另一方面，如果误差函数中的变量可以取一组连续的实际值，则会出现连续优化问题（Dorrington 和 Link，2004；Sen 和 Stoffa，2013）。这里将介绍五种通过 l_1 范数和 l_2 范数变化产生的适配函数。这些适配函数广泛用于解决所有的地球物理问题。

第一个适配函数是基于 l_2 范数。这种 l_2 范数适用于观测数据和模型数据（Moncayo 等，2012），表示如下：

$$E = \frac{1}{n} \sqrt{\sum_{i=1}^{n} (S_{obji} - S_{modi})^2} \tag{6.1}$$

式中，E 为模拟数据与观测数据之间的误差；S_{obji} 为第 i 个样本的观测数据；S_{modi} 为第 i 个样本的模拟数据；n 为数据中的样本点总数。

该方法收敛速度快，在地球物理中得到了广泛的应用。

第二个适应度方程取自模拟数据和观测数据之间的均方误差（Pullammanapallil 和 Louie，1994），其数学公式为：

$$E = \frac{1}{n} \sum_{i=1}^{n} (S_{obji} - S_{modi})^2 \tag{6.2}$$

与第一个适配函数相比，式（6.2）中给出的适配函数需要相对较大的收敛时间。

第三个适应度方程（Misra 和 Sacchi，2008）的表达式为：

$$E = \sum_{i=1}^{n} (|S_{obji} - S_{modi}|)^2 \tag{6.3}$$

式（6.3）用时非常长，因此在使用它们之前，应该给予适当的注意。

本书提出的第四个适应度方程是基于 l_1 范数，也称为最小绝对偏差。在观测数据集和模拟数据集之间进行逐样本计算。为了约束求解，在方程中加入一个附加项，这个附加项称为先验阻抗模型。从数学上讲，这个适配函数可以表示为：

$$E = W_1 \frac{\sum_{i=1}^{n} |S_{obji} - S_{modi}|}{\sum_{i=1}^{n} |S_{obji}|} + W_2 \frac{\sum_{i=1}^{n} |Z_{obji} - Z_{modi}|}{\sum_{i=1}^{n} |Z_{obji}|} \tag{6.4}$$

在式（6.4）中，W_1 和 W_2 分别是应用于这两项的权重。在大多数情况下，权重系数可选择为 $W_1 = W_2 = 1$（Ma，2002）。第五个适应度方程再次基于均方根误差（l_2 范数）。在这个方程中，增加了一个来自初始声波阻抗模型的附加项。这一附加项作为解决方案的约束条件（Ma，2002）。利用这个方程，解的多解性可以降低到一定程度。其表达式为：

$$E = \frac{1}{n} \sqrt{\sum_{i=1}^{n} (S_{obji} - S_{modi})^2} + \frac{1}{n} \sqrt{\sum_{i=1}^{n} (Z_{prii} - Z_{modi})^2} \tag{6.5}$$

式中，Z_{prii} 是第 i 个时间样本的先验低频阻抗；Z_{modi} 是第 i 个时间样本的模拟阻抗。

这个适配函数 [式（6.5）] 的收敛速度非常快。

6.3　局部优化方法

局部优化算法通过局部变化，在候选解的搜索空间中寻找从一个解到另一个解，直到找到一个认为是最优的解。大多数局部优化方法都是以迭代方式求解的，这些算法的目标是在每次迭代中朝着最优解的方向逼近，从而保证目标函数值降低（Bremermann，1958，

1962）。局部优化方法往往陷入初始模型附近的局部极小值处，因此初始模型的选择至关重要。如果选择的初始估计模型偏离全局解，则算法将陷入局部最小值。局部优化方法的基本原理如图 6.2 所示。

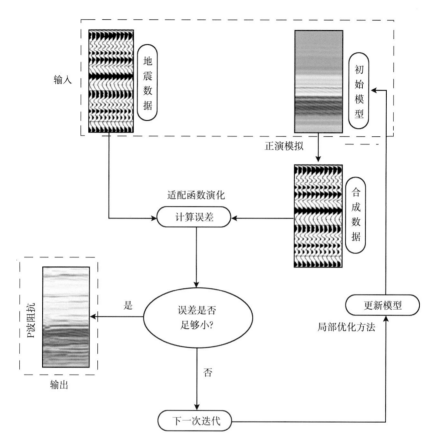

图 6.2　局部优化方法流程图

局部优化方法从给定的启动/初始模型开始。然后用目标函数估计误差，如果误差足够小，则将设定的初始模型作为最终解。如果误差不够小，该算法使用目标函数的局部属性计算搜索地址，以该属性确定当前模型的更新（Hejazi 等，2013）。目前有许多局部优化方法可用，其中常见的方法为最速下降法、共轭梯度法和牛顿法。

6.3.1　最速下降法

最速下降法是一种求反演问题最近局部最小值的算法，其前提是反演问题的梯度可以计算出来。这种方法也称为梯度下降法（Sen 和 Stoffa，2013；Deift 和 Zhou，1993）。

设一个函数 $f: \mathbb{R}^n \rightarrow \mathbb{R}$，使得函数 f 在某个点 x_0 可微，那么最陡下降的方向是向量，可以估计为 $-\nabla f(x_0)$。函数就可以写成如下形式：

$$\varphi(t) = f(x_0 + t\boldsymbol{u}) \tag{6.6}$$

式中，u 是单位向量，即 $\|u\|=1$。

对式（6.6）偏微分，得到以下方程：

$$\varphi'(t) = \frac{\partial f}{\partial x_1}\frac{\partial x_1}{\partial t} + \cdots + \frac{\partial f}{\partial x_n}\frac{\partial x_n}{\partial t}$$

$$\varphi'(t) = \frac{\partial f}{\partial x_1}u_1 + \cdots + \frac{\partial f}{\partial x_n}u_n$$

$$\varphi'(t) = \nabla f(x_0 + tu)u \tag{6.7}$$

因此：

$$\psi'(0) - \nabla f(x_0)u - \nabla f(x_0)\cos(\theta) \tag{6.8}$$

式中，θ 是 $\nabla f(x_0)$ 和 u 之间的角度。

当 $\theta = \pi$ 时，$\varphi'(0)$ 最小，由此得出以下方程：

$$u = \frac{\nabla f(x_0)}{\nabla f(x_0)}, \ \varphi'(0) = -\nabla f(x_0) \tag{6.9}$$

从式（6.9）中，注意到问题从几个变量简化为一个变量。要找到 $t>0$ 的 $\varphi(t)$ 最小值：

$$\varphi_0(t) = f[x_0 - t\nabla f(x_0)] \tag{6.10}$$

此外，在找到最小值 t_0 之后，可以设置：

$$x_1 = x_0 - t_0\nabla f(x_0) \tag{6.11}$$

并继续该过程，通过从 x_1 沿 $-\nabla f(x_0)$ 的方向搜索，通过最小化 $\varphi_1(t)=f[(x_1-t\nabla f(x_1)]$，依此类推得到 x_2。

这就最速下降法，给定初始假设 x_0，用该方法计算出迭代序列 $\{x_k\}$：

$$x_{k+1} = x_k - t_k\nabla f(x_k), \ k = 0, 1, 2, \cdots \tag{6.12}$$

其中 $t_k>0$ 使函数最小化：

$$\varphi_k(t) = f[x_k - t\nabla f(x_k)] \tag{6.13}$$

6.3.2　共轭梯度法

共轭梯度法也是用来寻找反演问题最优解的局部优化方法。它是一种迭代求解线性和非线性反演问题的数学方法。尽管如此，该方法也可作为直接搜索技术使用，从而产生问题的数值解（Polyak，1969；Sen 和 Stoffa，2013）。它是求解多维线性和非线性反演问题的一种非常有用的算法。由于收敛速度非常快，并且需要较少的空间来存储计算数据，因此该方法非常流行（Shewchuk，1994）。用共轭梯度法求解反演问题的流程如下。

首先计算合成数据 $d_n=g(m_n)$，然后计算给出的相对于 $G_n(m_n)$ 当前模型的导数。然后，计算数据残差 $\Delta d = d_n - d_{\text{obs}}$，模型残差 $\Delta m_n = m_n - m_{\text{pr}}$。下一步，计算规则化目标函数如下：

$$E(m_n) = \frac{1}{2}(\Delta d_n^{\text{T}} \Delta d_n + \Delta m_n^{\text{T}} \Delta m_n) \qquad (6.14)$$

然后，计算最陡的上升方向，表达式为：

$$\gamma_n = (G_n^{\text{T}} \Delta d_n + \Delta m_n) \qquad (6.15)$$

此外，计算共轭方向 $\varphi_n = \gamma_n + \sigma_n \varphi_n - 1$，使得 $\varphi_0 = \gamma_0$，

$$\sigma_n = \frac{(\gamma_n - \gamma_{n-1})^{\text{T}} \gamma_n}{\gamma_{n-1}^{\text{T}} \gamma_{n-1}} \qquad (6.16)$$

最后，利用线性搜索和更新模型，按下式计算最佳步长 μ_n：

$$m_{n+1} = m_n - \mu_n \varphi_n \qquad (6.17)$$

重复这些步骤，直到找到反演问题的最佳解。

6.3.3 牛顿法

牛顿法也是一种迭代局部优化方法，用于求可微反演问题的根。该方法应用于二次可微函数 f 的导数 f'，求其导数的根（Dennis 和 Moré，1977；Sen 和 Stoffa，2013）。牛顿法的基本过程是从初始猜测模型 x_0 构造序列 x_n，x_0 有向某个点 x^* 收敛的趋势，使得 $f(x^*) = 0$。

f 在 x_n 附近的二阶泰勒展开 $f_{\text{T}}(x)$ 为：

$$f_{\text{T}}(x) = f_{\text{T}}(x_n + \Delta x) \approx f(x_n) + f'(x_n)\Delta x + \frac{1}{2}f''(x_n)\Delta x^2 \qquad (6.18)$$

现在要找到 Δx，使得 $x_n + \Delta x$ 是一个静止点。通过式（6.18）的微分得到：

$$0 = \frac{\text{d}}{\text{d}\Delta x}\left[f(x_n) + f'(x_n)\Delta x + \frac{1}{2}f''(x_n)\Delta x^2 \right] = f'(x_n) + f''(x_n)\Delta x \qquad (6.19)$$

$$\Delta x = -\frac{f'(x_n)}{f''(x_n)} \qquad (6.20)$$

式（6.20）是方程的解。在该解中，$x_{n+1} = x_n + \Delta x = x_n - f'(x_n)/f''(x_n)$ 将期望接近稳定点 x^*（Kelley，1999）。

许多地球物理反演问题都是非线性优化问题。因此基于初始模型的选择，局部优化技术（如广义线性反演法、最速下降法等）不能提供令人满意的解决方案，因为它们通常会收敛到局部最小值（Broyden，1967）。因此，遗传算法或模拟退火等全局优化方法是解决这些问题的合适方法。

6.4 全局优化方法

全局优化方法的目标是在存在多个局部解的情况下，求反演问题的全局最优解。近年来，随着计算机系统的进步和内存的扩大，全局优化方法被广泛应用于地球物理反演问题的求解。全局优化方法试图寻找误差函数的全局最优解，而不是像局部优化方法那样寻找局部最优解（Sen 等，1995；Kelley，1999）。如果没有了其他具有更好目标函数值的可行解，则称为全局最优解。同样，如果在周边没有其他具有更好目标函数值的解，则该解称为局部最优解（Kelley，1999）。这些目标函数对优化问题起着非常重要的作用。

相比于局部优化方法，全局优化方法的主要优点为不依赖于初始假设模型。有许多全局优化技术可用，但在地球物理问题中常用的算法主要有遗传算法（GA）和模拟退火法（SA）两种。

下面将简要讨论这些方法。这些方法主要用于地球物理问题，因此它们首先应用于合成数据集，然后应用于实际数据集，以估计地下岩层的性质。图 6.3 为全局优化方法的流程图。

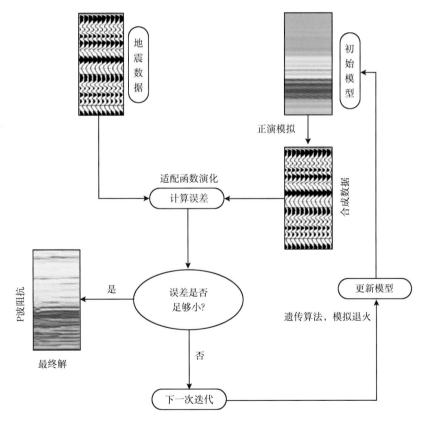

图 6.3 全局优化方法流程图

6.4.1 遗传算法（GA）

Holland（1975）发展了遗传算法。遗传算法是基于与生物进化过程的类比。自然选择是推动生物发展的过程，遗传算法基于自然选择，解决了有约束和无约束的优化问题（Du 和 MacGregor，2010；Maurya 等，2017）。遗传算法的基本原理是为了得到最优解，它不断地修正种群的个体解。遗传算法随机选择每个单独的解决方案，称为父母，并用来创建一个新的解决方案，称为孩子（Mallick 和 Subhashis，1999）。在许多科学分支中，遗传算法通过最小化观测数据和模型数据之间的误差来优化不连续、不可微、随机或高度非线性的问题。遗传算法操作包括三种基本的遗传算子，可从当前的种群生成新的种群。它们是选择、交叉和变异。选择用于选择群体（父母）的个体解；而交叉用于组合两个父母，从而形成子代；变异被用来创建个体解决方案的随机性（Sivanandam 和 Deepa，2007；Morgan 等，2012）。这些方法将在下面的内容中简要说明。

6.4.1.1 选择

选择是在确定每个个体模型的适应度后在群体中进行的第一次遗传操作。根据模型的适应度值，采用选择法对单个模型进行配对。模型的适应度值用于确定它们是否被选中。与低适应度值相比，适应度值非常高的模型有很大的选中概率。这是因为更适合的模型更频繁地被选中用于繁殖。被选中的概率与模型的适应值直接相关（Goldberg 和 Holland，1988）。有以下六种主要的选择类型：

（1）随机均匀选择法。随机均匀选择法形成一条直线，其中每个父对象对应于一段长度与其期望值成比例的直线。该算法以相等大小的步长沿直线移动，每个父对象为一步。在每一步，算法都会从它所在的部分分配一个父节点。第一步是一个小于步长的统一随机数（Tran 和 Hiltunen，2012）。

（2）剩余选择法。余数从每个个体的比例值的整数部分确定地分配父母，然后对剩余的部分使用轮盘赌选择（Velez，2005）。

（3）轮盘赌选择法。轮盘赌模拟一个轮盘赌，每个部分的面积与其期望值成比例。然后，该算法使用一个随机数选择一个概率等于其面积的截面（Yang 和 Honavar，1998）。

（4）均匀选择法。均匀选择函数使用期望值和父项数值从均匀分布中随机选择父项。这将导致无方向搜索。均匀选择不是一种有用的搜索策略，但是可以用它来测试遗传算法（Yang 和 Honavar，1998）。

（5）锦标赛选择法。锦标赛选择法通过随机选择个体来选择每一个父代，可以根据锦标赛的大小指定其数量，然后从集合中选择最好的个体作为父对象。当约束参数>非线性约束算法而受到惩罚时，遗传算法采用规模为 2 的锦标赛（Yan Jun 等，2016）。

（6）排序选择法。采用秩选择法（Baker，1987；Whitley，1989）对模型的适应值进行评估，然后对它们进行排序，给每个模型分配一个等级。模型的等级可以从 0（对于最佳模型）到 $n-1$（对于最差的模型）。选择方法如下：种群中最好的模型提供的副本数量是最差模型收到的副本的整数倍（这个数字预先确定）。因此排序选择从根本上夸大了适应度值几乎相同的模型之间的区别（Yuan 和 Zhuang，1996）。

6.4.1.2　交会

交会是选择和配对模型后使用的下一个遗传算子。交会的基本原理是在配对模型之间共享遗传信息，也可以理解为交会在成对的模型之间交换了一些数据，从而产生了新的模型（Sen 和 Stoffa，2013）。在地球物理中，广泛应用的交会有单点交会和多点交会两种类型。单点交会的基本思想是在均匀概率分布下，随机选择模型的一个位元位置。然后，所有落在所选位置右侧的位将在两个模型之间交换，从而产生一个新的模型。而在多点交会过程中随机选择一个比特位置，并且该比特右边的所有位元在配对模型之间交换。另外，从第二个模型参数中随机选择另一个位位置，所有直接落在这个位上的位再次交换。对于每个模型参数，重复此方法（Goldberg 和 Holland，1988）。

图 6.4 为单点和多点交会过程。在单点交会中，随机选择一位，交换交会点后模型 m_i 和模型 m_j 之间的所有位。这导致了两个新模型的生成。而多点交会则通过独立选择一个交会点，在模型参数的基础上进行交会，从而在每个模型参数之间交换二进制信息（Yuan 和 Zhuang，1996）。

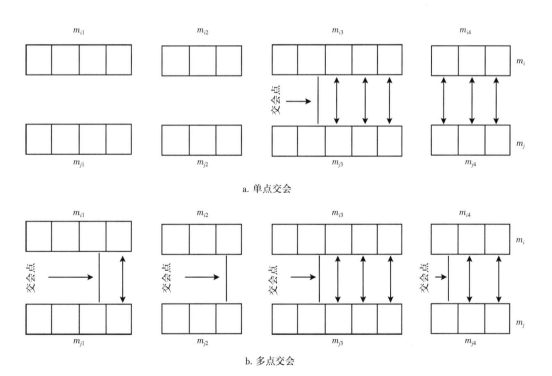

a. 单点交会

b. 多点交会

图 6.4　单点和多点交会过程

一旦随机选择了交会位点，则根据交会的概率来决定是否进行交会，即交会率由遗传算法设计者指定的概率 P_x 控制。交会概率高意味着在多点交会的情况下，成对模型之间或成对模型的现有模型参数之间很可能发生交会（Boschetti 等，1996；Sen 和 Stoffa，2013；Maurya 等，2017）。

6.4.1.3　变异

最后一个遗传算子是变异。变异是一个用来产生交汇随机性的过程。一般来说，变异在交汇过程中发生。变异率由算法设计者确定的概率来指定，决定模型空间中的行走次数。低变异概率意味着在模型空间中的行走次数更少，转化将非常快（Holland，1975；Deb 等，2002）。而高变异概率将导致空间中出现大量的随机游动，这就可能需要更多的时间进行收敛（Mallick，1995；Aleardi 等，2016）。图 6.5 为变异的基本概念。从交汇中选择一个新的解决方案（子方案），并将其作为父母进行变异。为此，选择两个变异点并相互交换以产生解的随机性（Mallick，1995）。

图 6.5　变异的基本概念

k 代表 1000

6.4.1.4　实例

基于遗传算法的反演没有给出绝对的地下声波阻抗模型，而是给出了声波阻抗的相对变化。遗传算法的具体实现过程如下。

（1）数学实例。

通过实例，可以对该过程有一个具体的理解。考虑一个函数（图 6.6）：

$$f(x) = \frac{\cos(3\pi x)}{x}, \ x \in \lfloor 0.11.1 \rfloor \tag{6.21}$$

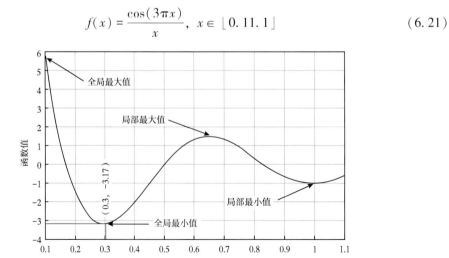

图 6.6　式（6.21）所示函数图

该函数具有局部和全局最大值以及局部和全局最小值，并突出显示。函数在 $x=0.30$ 处具有全局最小值，相应的函数值为-3.1705。为了证明遗传算法寻找问题解决方案的能力，将该方法应用于式（6.21）。估计结果如下：

$$x=0.29687161902085, \quad f(x)=-3.17151688802542$$

这与实际解非常接近，说明了该算法具有高精度。

（2）合成数据实例。

虽然遗传算法主要用于地震反演，但以上讨论给出的实例是一个数学例子。因此，本书以一个实例说明遗传算法在地震反演中的应用。通过应用模型合成数据和实际复合道数据来优选参数。假设地质模型 7 层的声波阻抗分别为 8050m/s·g/cm³、10000m/s·g/cm³、7260m/s·g/cm³、9120m/s·g/cm³、11440m/s·g/cm³、7820m/s·g/cm³、10250m/s·g/cm³，如图 6.7 所示。图 6.7a 为 7 个地层的假设地质模型；图 6.7b 记录了由地层反射系数与 40Hz Ricker 子波褶积生成的相应合成地震记录，同一道显示了 8 次，看起来像地震数据；图 6.7c 描述了模拟（点线）声波阻抗与实际观测声波阻抗（实线）的比较。从图中可以看出，反演声波阻抗与模型声波阻抗非常接近，说明了算法的良好性能。为了对反演结果进行质量检验，生成了反演数据与原始数据的交会图，如图 6.8 所示。图中的红色实线表示最佳拟合线。结果表明，散点与最佳拟合线非常接近，表明反演结果接近真实值，表明该算法性能良好。反演声波阻抗和实际声波阻抗之间的相关系数估计为 0.96，非常高，验证了该算法具有高精度。

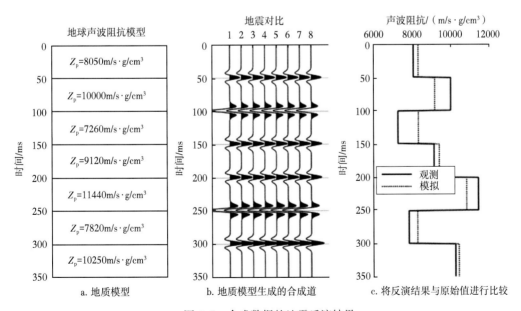

图 6.7 合成数据的地震反演结果

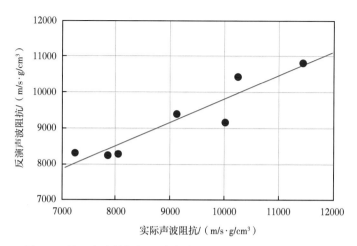

图 6.8　基于合成数据的反演声波阻抗与实际声波阻抗交会图

图 6.9 为误差最小化的图形化结果。可以注意到，随着迭代次数的增加，误差呈指数级减小，在 100 次迭代后达到最小值 0.0069。考虑合成数据情况，将终止条件设为 100 次迭代。合成实例仅包含 7 层，因此可以逐层比较反演结果。这种比较对于真实的数据情况并不容易，因为真实地震数据包含大量的层。表 6.1 为每层反演结果与原始值的定量比较。从表中可以看出，反演声波阻抗与实际声波阻抗非常接近。观测数据点和模拟数据点之间的差异率也非常低（平均小于 5.967%）。

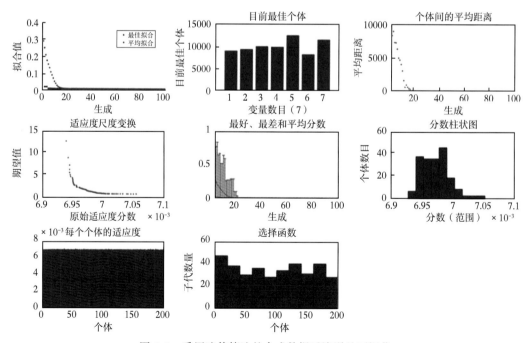

图 6.9　采用遗传算法的合成数据反演误差可视化

表 6.1　实际声波阻抗和反演声波阻抗在合成数据情况下的比较

层号	实际声波阻抗/ m/s · g/cm^3	反演声波阻抗/ m/s · g/cm^3	差异率/ %
1	8050	8300.93	3.12
2	10000	9162.50	8.389
3	7260	8310.48	14.47
4	9120	9393.93	3.00
5	11440	10817.03	5.45
6	7820	8261.50	5.65
7	10250	10423.94	1.70

（3）实际数据实例。

在数学实例和合成实例都得到了令人满意的结果基础上，下面以实际数据实例做进一步阐述。由于全局优化方法由多个参数实现，由于全局优化方法由多个参数实现，因此这些分析总是很重要。另外，这种全局优化耗时较长，因此在进行大规模数据反演之前应先优化小范围数据的参数。实际数据取自加拿大艾伯塔省布莱克福特油田。将遗传算法应用于井间区域的声波阻抗预测。实例分为两部分：第一部分提取 08-08 井附近的一条复合地震道并使用遗传算法第二部分利用遗传算法将实际地震数据转换为声波阻抗数据。

对于真实数据，为使用遗传算法，其中个体由每层的速度、密度和厚度等实数数组表示。第一步中，定义每个从先验信息中获得的模型参数的搜索范围。这里确定下限为 2250m/s · g/cm^3、上限为 21000m/s · g/cm^3，是地震反射数据的合理范围。遗传算法从随机产生 200 条染色体开始。利用正演模拟程序，对每个染色体生成合成地震图，并计算相应的拟合值。在此基础上，选择了两个最佳解/染色体进行遗传操作。

图 6.10 为测井曲线的反演声波阻抗和实际声波阻抗的对比。图 6.10a 为提取的地震道，同样显示了 8 次，以便于看起来像实际数据。图 6.10b 为从测井数据中提取的用于正演建模的子波。图 6.10c 为模型声波阻抗、原始声波阻抗和反演声波阻抗的比较。可以看出，反演曲线非常接近原始曲线。考虑到数据中的噪声，它们之间的相关系数为 0.88。

同样，为了检查反演结果的质量，生成了反演声波阻抗和原始声波阻抗之间的交会图，如图 6.11 所示。对数据拟合出一条最佳拟合线，可以观察到散点的分布靠近最佳拟合线，这表明反演结果与原始结果接近。反演结果的统计分析见表 6.2，从表中可以看到复合记录道的最小声波阻抗和最大声波阻抗估计值。误差随迭代的变化如图 6.12 所示。迭代的上限标准设置为 900 次。可以增加迭代次数来更接近实际的解决方案，但是这里使用 900 次迭代作为停止标准来优化时间和内存。从误差分析可以看出，随着迭代次数的增加，误差呈指数递减。

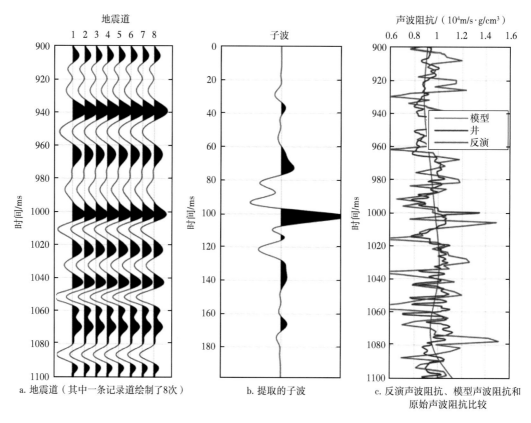

图 6.10　布莱克福特油田合成道的反演结果

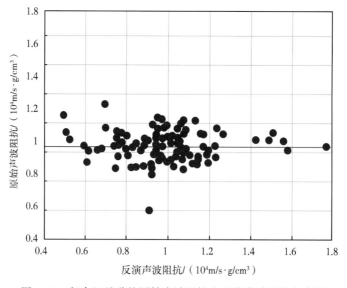

图 6.11　复合记录道的原始声波阻抗和反演声波阻抗交会图

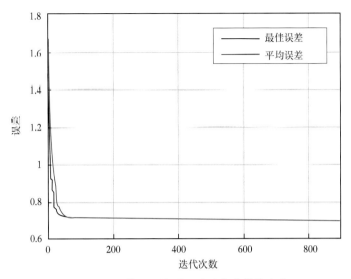

图 6.12   最佳和平均误差随迭代次数的变化

表 6.2   复合道统计信息

序号	参数	观测值/ m/s·g/cm³	反演值/ m/s·g/cm³	差异率/ %
1	最小声波阻抗	7035	5001	28.91
2	最大声波阻抗	13510	17110	21.04
3	平均声波阻抗	9567	9840	2.77

复合道分析结果令人满意，因此可将遗传算法应用于整个地震剖面，以估计井间区域的声波阻抗。图 6.13a 为主测线 27 的地震剖面，用作遗传算法的输入；图 6.13b 为主测线 27 的反演声波阻抗剖面。与地震资料相比，反演声波阻抗剖面具有更高的分辨率，并显示出清晰的地下地层边界。从反演声波阻抗剖面来看，由于地震带宽的原因，以及由于该算法不像其他反演方法那样包含来自测井信息的约束，因此无法解释较薄的地层。由图可见，该区域的声波阻抗变化范围为 8000~14000m/s·g/cm³。在 1055~1065ms 双程旅行时之间，砂质水道明显具有低声波阻抗。优化过程中，最小均方根误差为 0.12m/s·g/cm³，平均误差为 0.20m/s·g/cm³。

如果可以将低频模型纳入反演声波阻抗剖面，将可以获得更多反射层的信息。因该方法耗时大，需要在高性能计算机上运行。在应用于大数据体之前，建议先要对参数值的个数进行测试。

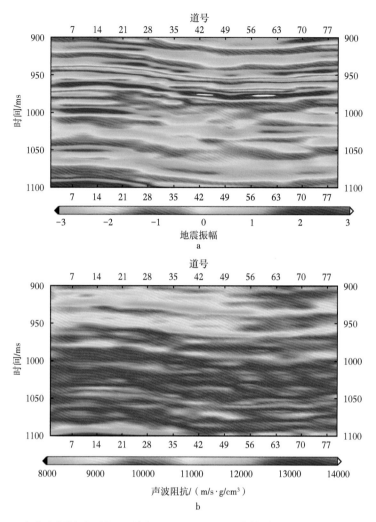

图 6.13　布莱克福特油田的地震剖面（a）和基于遗传算法的反演声波阻抗剖面（b）

6.4.2　模拟退火（SA）

模拟退火是利用温度冷却原理估计函数全局最优解的另一种全局优化方法。这些方法对解决地球物理问题非常有用，Kirkpatrick 等（1983）、Geman 和 Geman（1987）、Davis（1987）、van Laarhoven 和 Aarts（1987）、Aarts 和 Korst（1988）、Sen 和 Stoffa（1991）及 Afanasiev 等（2014）给出了一些很好的实例。

模拟退火的原理借用了统计力学。这种方法包括分析液体或固体样品中的大量原子。当固体的温度因加热而升高，所有的粒子都将随机分布在液相中时，就会发生物理退火过程（Afanasiev 等，2014）。然后，粒子温度缓慢冷却时，粒子自身处于低能状态，从而发生结晶（Sen 和 Stoffa，2013）。

SA 算法试图根据 Gibbs 分布对模型空间进行采样。Gibbs 函数在很大程度上受模型温度的控制。这就是为什么模拟退火总是着眼于误差函数的全局最小值，而不依赖于起始点（Sen 和 Stoffa，2013）。Gibbs 分布可以写如下形式：

$$P(F_i) = \frac{\exp\left(-\dfrac{E_i}{KT}\right)}{\sum\limits_{j \subset S} \exp\left(-\dfrac{E_i}{KT}\right)} - \frac{1}{Z(T)} \exp\left(\frac{E_i}{KT}\right) \qquad (6.22)$$

式中，i 为模型状态；E_i 为介质的能量；S 为集合，由所有可能的设置布局组成；K 为 Boltzmann 常数；T 为温度，$Z(T)$ 为配分函数/能量。

$Z(T)$ 可以写成如下方程：

$$Z(T) = \sum_{j \in S} \exp\left(\frac{E_j}{KT}\right) \qquad (6.23)$$

模拟退火算法从初始温度开始，称为初始模型 m_0，与此模型相关的能量可以表示为 $f(m_0)$。SA 生成新模型，假设它是 m_n，与此新模型相关的能量可以表示为 $f(m_n)$。然后，将新能量 $f(m_n)$ 与早期的能量状态即 $f(m_0)$ 进行比较。如果新的能量状态低于初始模型的能量状态，则新模型被无条件接受。但如果新的能量状态大于初始模型，则新模型被接受的概率如下（Ma，2002）：

$$P = \exp\left[-\frac{f(m_n) - f(m_0)}{T}\right] \qquad (6.24)$$

式中，T 是一个控制参数，称为接受温度（Ma，2002）。

如上所述，相同的过程重复许多次，退火温度根据冷却方案逐渐降低。设置停止标准使得算法停止（Sen 和 Stoffa，1991；Goffe 等，1994；Ma，2002）。

目前已有许多模拟退火算法，下面简单介绍其中的几种。

6.4.2.1 Metropolis 算法

模拟退火的 Metropolis 算法由 Metropolis 等（1953）开发。从那时起，该算法被应用在许多问题中。Metropolis 算法的基本原理如下。

假设一个初始模型 m_i 和能量 $E(m_i)$。对初始模型增加一个小扰动，形成了一个新的模型 m_j，该模型用能量 $E(m_j)$ 表示。则初始模型和新模型之间的数学关系可以写成如下形式：

$$m_j = m_i + \Delta m_i \qquad (6.25)$$

现在，用 ΔE_{ij} 表示出初始模型和新生成模型之间的能量差。这个能量差可以用下面的等式来表示：

$$\Delta E_{ij} = E(m_j) - E(m_i) \qquad (6.26)$$

一方面，新模型的优劣取决于 ΔE_{ij} 的大小。如果能量差为 0（$\Delta E_{ij} = 0$），则新模型直接被接受。另一方面，如果能量差大于 0（$\Delta E_{ij} > 0$），则新模型被接受的概率如下：

$$P = \exp\left(-\frac{\Delta E_{ij}}{T}\right) \tag{6.27}$$

以上的接受原则称为 Metropolis 标准。如果在每个温度下重复多次生成模型—接受过程，可以证明在每个温度下都可以达到热平衡。如果在冷却方案后温度逐渐降低，从而在每个温度下达到热平衡，则当温度接近 0 时，可以在极限内达到全局最小能量状态（Geman 和 Geman，1984）。

从局部搜索技术中的一个参考模型开始，当且仅当 $\Delta E_{ij} = 0$ 时，采用新的模型，即它总是搜索温度下降方向。在 SA 中，正如 Metropolis 算法所描述的那样，尽管可能存在 $\Delta E_{ij} > 0$ 的情形，但是每个模型的接受概率都是有限的。因此，局部优化可以被困在一个局部最小值中，该局部极小值可能在初始模型附近，而 SA 跳出局部极小值的可能性是有限的（Sen 等，1995；Ma，2002）。然而，当温度接近零时，只有比先前的测试结果有所改善时才有可能被接受，并且该算法在 $T \rightarrow 0$ 的极限下退化为贪婪算法（greedy algorithm）。

6.4.2.2 热浴算法（heat bath algorithm）

如 6.4.2.1 所述，Metropolis 算法可以被视为一个两步过程，首先进行随机移动，然后决定是否接受移动。许多这样的移动将被驳回。拒绝/接受的比值非常大，特别是在低温下。有几种算法已经修正过这种情况，其中一种是热浴算法（Rebbi，1987；Geman 和 Geman，1984）。与 Metropolis 算法不同的是，热浴算法是一个单步操作，通过在任何随机假设之前计算每个移动的相对接受概率来防止高拒绝率。该方法只是生成始终被接受的加权选择。通过加权假设的详细分析表明，Metropolis 算法的部分结果可能具有误导性，从而付出很大的代价。

认为模型向量 $\boldsymbol{m}$ 由 N 个模型的参数组成，再假设每个 $\boldsymbol{m}_i$ 可以达到最大值 M。通过指定较小的边界（$\boldsymbol{m}_i^{\min}$）和较高的边界（$\boldsymbol{m}_i^{\max}$）来实现，并对模型的每个参数执行 $\boldsymbol{m}_i$ 的搜索增量，得到：

$$M = \frac{\boldsymbol{m}_i^{\max} - \boldsymbol{m}_i^{\min}}{\Delta \boldsymbol{m}_i} \tag{6.28}$$

从式（6.28）可以看出，M 对于不同的模型参数可以取不同的值。然而，假设 M 对于所有模型参数都相同，而不损失泛化性，这就产生了由 MN 模型组成的模型空间。此时，用 $\boldsymbol{m}_{ij}$ 表示模型参数很方便，其中 $i = 1,\ 2,\ \cdots,\ N;\ j = 1,\ 2,\ \cdots,\ M$。

该算法从一个初始的猜测模型 $\boldsymbol{m}_0$ 开始，然后依次访问模型的每个参数。下面的边际概率密度函数（pdf）用于评估模型的每个参数：

$$\widehat{P}(\boldsymbol{m}|\boldsymbol{m}_i = \boldsymbol{m}_{ij}) = \frac{\exp\left[-\dfrac{E(\boldsymbol{m}|\boldsymbol{m}_i = \boldsymbol{m}_{ij})}{T}\right]}{\sum\limits_{k=1}^{M}\left[-\dfrac{E(\boldsymbol{m}|\boldsymbol{m}_i = \boldsymbol{m}_{ik})}{T}\right]} \tag{6.29}$$

模型参数允许的点和大于 M，$E(\boldsymbol{m}|\boldsymbol{m}_i = \boldsymbol{m}_{ij})$ 是模型向量 $\boldsymbol{m}$ 的能量，而模型向量 $\boldsymbol{m}$ 的参数为 $\boldsymbol{m}_{ij}$。然后取先前分配的值。基本上，从均匀分布中取一个随机数 $U[0, 1]$ 映射到式（6.29）中给出的 pdf。为此首先需要从 $\widehat{P}(\boldsymbol{m}|\boldsymbol{m}_i = \boldsymbol{m}_{ij})$ 计算累积概率 C_{ij}。可写成如下方程：

$$C_{ij} = \sum_{k=1}^{j}\widehat{P}(\boldsymbol{m}|\boldsymbol{m}_i = \boldsymbol{m}_{ik}),\ j = 1,\ 2,\ \cdots,\ M \tag{6.30}$$

此后，可以从均匀分布中得出一个随机数 r。当 $j = k$ 时，其中 $C_{ij} = r$，选择 $\boldsymbol{m}_{ij} = \boldsymbol{m}_{ik} = \boldsymbol{m}_i$。在高温下，分布几乎均匀，因此模型的每个参数的选择概率几乎相等。只与峰值对应的模型参数，在非常低的温度下将是最主要的误差函数。

由此选择模型参数的新值并替换模型向量中相应模型参数的旧值，并且对于每个模型参数，该过程需要依次重复。测试了模型的每个参数一次之后，可能会得到一个与初始模型不同的模型。这是对误差函数 $N \times M$ 次的单次迭代。与 Metropolis 算法不同，热浴算法虽然不涉及在模型生成后进行接收测试，但该算法涉及大量计算成本。当求解过程中涉及变量较多时，它比 Metropolis 的计算速度更快（Vestergaard 和 Mosegaard，1991）。

6.4.2.3　快速模拟退火（fast simulated annealing，简写 FSA）

模拟退火是一个观察基态的随机系统，而快速模拟退火是一种半邻域搜索方法，由间歇长反弹（intermittent long bounces）组成。SA 的马尔可夫链（Markov chain）模型可以用来证明玻尔兹曼分布（Boltzmann distribution）对平稳分布的渐近收敛性，当温度趋于 0 时，全局最小能量状态的概率为 1。然而，温度降低的速度取决于是否达到了全局最小能量状态。这意味着它依赖于冷却进展速度。Geman 和 Geman（1984）证明，以下冷却方案为 SA 收敛到全局最低值提供了必要和充分的条件：

$$T(k) = \frac{T_0}{\ln(k)} \tag{6.31}$$

式中，$T(k)$ 是 k 次迭代处的温度；T_0 是足够高的起始温度。

以上讨论的冷却方案耗时较长，因此需要大量时间才能收敛到最佳解。

为了克服这个问题，Szu 和 Harley（1987）提出了一种新的技术，称为快速模拟退火。该算法与上面讨论的 Metropolis 算法非常相似。唯一的区别是它使用的是模型参数的柯西分布（Cauchy distribution）而不是平坦分布。如果 Cauchy 分布达到高温，则该分布允许远离当前位置的选择；而如果达到低温，则会发生近邻选择。与高斯分布相比，柯西分布的优势在于它具有更平坦的尾部，因此有更好的机会走出局部极小值。Szu 和 Hartley（1987）还表明，收敛冷却方案不再是对数形式，温度方案现在与迭代次数成反比：

$$T(k) = \frac{T_0}{k} \tag{6.32}$$

这些都是一种模拟退火算法不同类型的基本原理，其中一些应用于合成数据集和真实数据集得到了可靠的结果。在这些例子中使用了上面讨论的退火函数中的快速退火。

6.4.2.4 实例

（1）合成数据实例。

为了使合成数据和真实数据的误差最小化，使用以下优值函数：

$$\text{Error}(E) = \frac{1}{n}\sqrt{\sum_{i=1}^{n}(S_{\text{obs}}^i - S_{\text{mod}}^i)^2} + \frac{1}{n}\sqrt{\sum_{i=1}^{n}(Z_{\text{obs}}^i - Z_{\text{mod}}^i)^2} \tag{6.33}$$

该算法用来估计声波阻抗，将声波阻抗分别为 8050m/s·g/cm³、10000m/s·g/cm³、7260m/s·g/cm³、9120m/s·g/cm³、11440m/s·g/cm³、7820m/s·g/cm³、10250m/s·g/cm³ 的 7 层模型合成地震记录。利用已知的震源子波对反射系数进行转换，可以在横向均匀的声波介质中近似地反映地震信息。褶积模型假设平面波在水平均匀层的边界上传播，没有考虑几何发散、弹性吸收、子波频散、传输损耗、模式转换和多次反射的影响。为了使褶积模型有效，必须对地震信息进行处理，以消除这些影响，恢复主纵波反射的平面波振幅。在生成合成地震记录数据集之后，可以进行模拟退火，以尽量减少观测数据和模型数据之间的误差。

搜索范围受到限制，因为下限(LB)为 7500m/s·g/cm³、9000m/s·g/cm³、6500m/s·g/cm³、8500m/s·g/cm³、11000m/s·g/cm³、7000m/s·g/cm³、9500m/s·g/cm³，上限（UB）为 9500m/s·g/cm³、10500m/s·g/cm³、7500m/s·g/cm³、1000m/s·g/cm³、12000m/s·g/cm³、8000m/s·g/cm³、11000m/s·g/cm³。使用 LB 和 UB 的优势是创建一个窗口，在该窗口内搜索最优解，可以节约时间和空间。模拟退火算法用于重建合成数据集的声波阻抗。地震反演方法首先利用原始模型参数计算目标函数。从随机模型或宏模型中，跟踪起始模型。根据 Metropolis 算法准则，采用或拒绝新模型。在指定温度下进行大量迭代，然后将温度降低，直到最终达到收敛准则。每个采样间隔的输出为优化的声波阻抗值。

图 6.14 为合成数据的反演结果。图 6.14a 为用于生成合成地震数据的地下地质模型，图 6.14b 为合成地震记录，显示了 8 次以看起来像地震数据，图 6.14c 为模拟退火反演结果。反演轨迹非常接近原始曲线。观测声波阻抗与模型声波阻抗之间的相关系数为 0.99，非常高，说明了该算法的良好性能。可以看出，估算的 P 波阻抗与实际模型非常吻合。可以看出，使用模拟退火技术可以很好地恢复原始声波阻抗。

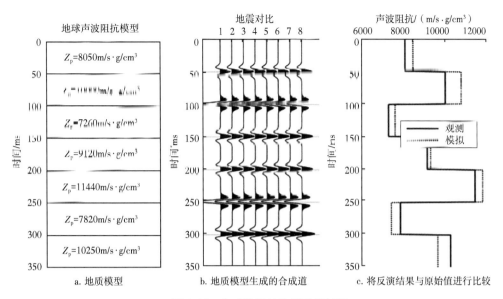

图 6.14　合成数据的地震反演结果

反演声波阻抗的逐层比较见表 6.3，可以看出模拟算法估计的观测声波阻抗和模拟声波阻抗的比较，所有 7 层的模拟声波阻抗与观测声波阻抗非常接近，因此差异率非常低（平均小于 4.788%）。图 6.15 为模拟声波阻抗和观测声波阻抗的交会图，直观地显示了两个结果的接近程度，散点非常接近最佳拟合线，表明 SA 算法的效率非常出色。合成数据的迭代误差变化如图 6.16 所示。曲线图表明，误差随着迭代次数的增加而减小，但与遗传算法的情况相同。停止标准设置为 500 次迭代。模拟退火算法比遗传算法速度快。

表 6.3　观测声波阻抗和模拟声波阻抗在合成数据情况下的比较

层号	观测声波阻抗/ m/s·g/cm³	反演声波阻抗/ m/s·g/cm³	差异率/ %
层 1	8050	8436.99	4.81
层 2	10000	10767.11	7.67
层 3	7260	7569.52	4.26
层 4	9120	9290.67	1.87
层 5	11440	11819.47	3.32
层 6	7820	7382.39	5.6
层 7	10250	9636.29	5.99

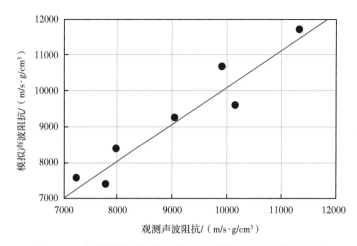

图 6.15 合成数据观测声波阻抗和模拟声波阻抗的交会图

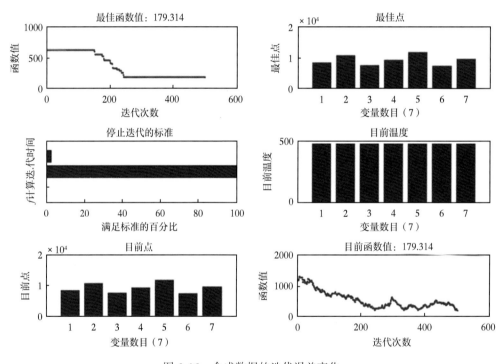

图 6.16 合成数据的迭代误差变化

比较了遗传算法和模拟退火算法在合成数据情况下的结果。图 6.17 为两种算法下观测声波阻抗和模拟声波阻抗交会图，对于两种算法，散点都非常接近最佳拟合线，并且表现出优秀的算法效率。进一步观察发现，模拟退火得到的数据点非常接近最佳拟合线，而对于遗传算法，数据点相对分散。预计 SA 和 GA 的相关系数分别为 0.987 和 0.937。分析表明，模拟退火算法对合成数据的反演结果略优于遗传算法。但这只是一个实例，并不是所有情况都是如此，它主要取决于数据参数和输入数据。

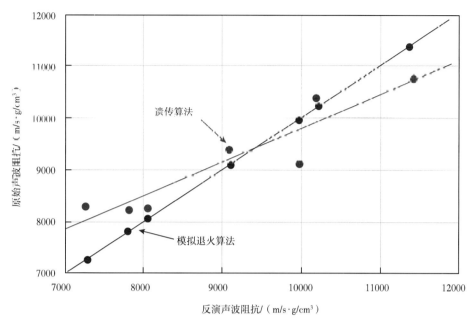

图 6.17　合成数据的原始声波阻抗与反演声波阻抗交会图

该图包括模拟退火和遗传算法预测的结果

（2）实际数据实例。

另一个实例来自加拿大艾伯塔省布莱克福特油田的真实数据。以地震反射资料为输入，计算井间区域的声波阻抗。模拟退火的应用分两个阶段进行。首先，在井位附近提取一条复合地震道，并对其进行模拟退火。图 6.18 显示了合成地震道的反演结果。图 6.18a 为 08-08 井附近的真实地震道（同一道绘制了 8 次），图 6.18b 为提取的子波用于生成模拟道，图 6.18c 为模拟退火算法估计的反演结果。通过对反演结果的分析可以看出，反演声波阻抗曲线与测井原始声波阻抗曲线相当吻合。声波阻抗的估计值与观测值的相关系数估计为 0.95，这是相当高的，表明反演结果良好。

图 6.19 为反演声波阻抗与观测声波阻抗之间的交会图，以便对反演结果进行质量检查。从交会图可以看出，散点落在最佳拟合线附近，显示出良好的算法效率。复合道的数据统计分析见表 6.4。

表 6.4　复地震道统计信息

序号	参数	观测声波阻抗/ $m/s \cdot g/cm^3$	反演声波阻抗/ $m/s \cdot g/cm^3$	差异率/ %
1	最小	7035	7551	7.33
2	最大	13510	11810	12.58
3	平均	9567	9537	0.31

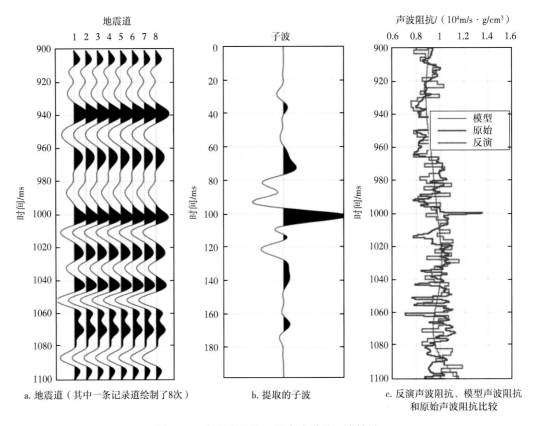

图 6.18　布莱克福特油田合成道的反演结果

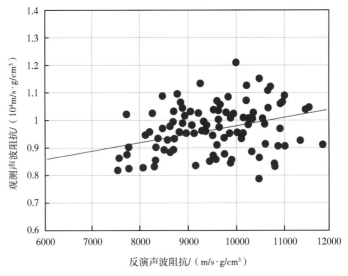

图 6.19　复地震道的反演声波阻抗和观测声波阻抗交会图
采用 SA 计算反演声波阻抗

从复地震道获得了可接受的结果后，将 SA 技术应用于整个地震体，以评估井间区域地下的声波阻抗。图 6.20a 为来自加拿大艾伯塔省布莱克福特油田的地震输入信息（测线 65），图 6.20b 为测线 65 的反演结果。反演剖面显示了相对较高的分辨率，提供了地层属性，而地震信息只提供了界面的性质。声波阻抗为 7500～13500m/s·g/cm³。反演声波阻抗部分突出了 1055ms 和 1065ms 双程旅行时之间的砂体。

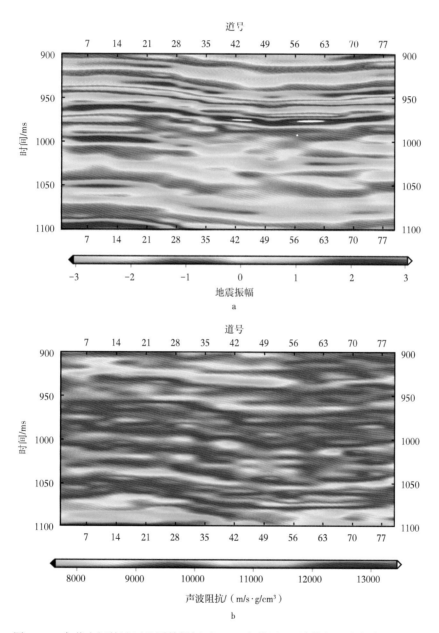

图 6.20 布莱克福特油田地震数据剖面（a）和使用 SA 计算的反演声波阻抗（b）

参 考 文 献

Aarts E，Korst J（1988）Simulated annealing and Boltzmann machines.

Afanasiev MV，Pratt RG，Kamei R，McDowell G（2014）Waveform-based simulated annealing of cross-hole transmission data：a semi-global method for estimating seismic anisotropy. Geophys J Int，199（3）：1586-1607.

Aleardi M，Tognarelli A，Mazzotti A（2016）Characterization of shallow marine sediments using high-resolution velocity analysis and genetic-algorithm-driven 1D elastic full-waveform inversion. Near Surf Geophys 14（5）：449-460.

Baker JE（1987）Reducing bias and inefficiency in the selection algorithm. Proc Second Int Conf Genet Algorit 206：14-21.

Boschetti F，Dentith MC，List RD（1996）Inversion of seismic refraction data using genetic algorithms. Geophysics 61（6）：1715-1727.

Bremermann HJ（1962）Optimization through evolution and recombination. Self-org Syst 93：106.

Bremermann H，Oehme R，Taylor J（1958）Proof of dispersion relations in quantized field theories. Phys Rev 109（6）：2178.

Broyden CG（1967）Quasi-Newton methods and their application to function minimization. Math Comput 21（99）：368-381.

Davis L（1987）Genetic algorithms and simulated annealing. Morgan Kaufmann Publishers Inc.，San Francisco，CA，United States.

Deb K，Pratap A，Sameer A，Meyarivan TAMT（2002）A fast and elitist multiobjective genetic algorithm：Nsga-ii. Evol Comput，IEEE Trans 6（2）：182-197.

Deift P，Zhou X（1993）The steepest descent method for oscillatory Riemann-Hilbert problems. Asymptotics for the MKdV equation. Ann Math 137（2）：295-368.

Dennis JE Jr，Moré JJ（1977）Quasi-Newton methods，motivation，and theory. SIAM Review，19（1）：46-89.

Dorrington KP，Link CA（2004）Genetic-algorithm/neural-network approach to seismic attribute selection for well-log prediction. Geophysics 69（1）：212-221.

Du Z，MacGregor LM（2010）Reservoir characterization from joint inversion of marine CSEM and seismic AVA data using Genetic algorithms：a case study based on the Luva gas field. In：SEG technical program expanded abstracts，society of exploration geophysicists，pp 737-741.

Geman S，Geman D（1984）Stochastic relaxation，Gibbs distributions，and the Bayesian restoration of images. IEEE transactions on pattern analysis and machine intelligence PAMI 6（6）：721-741.

Geman S, Geman D (1987) Stochastic relaxation, Gibbs distributions, and the Bayesian restoration of images. In: Readings in computer vision. Morgan Kaufmann, pp 564-584.

Gill PE, Murray W, Wright MH (1981) Practical optimization. Academic Press, London.

GoffeWL, Ferrier GD, Rogers J (1994) Global optimization of statistical functions with simulated annealing. J Econometrics 60 (1-2), 65-99.

Goldberg DE, Holland JH (1988) Genetic algorithms and machine learning. Mach Learn 3 (2): 95-99.

Hejazi F, Toloue I, Jaafar MS, Noorzaei J (2013) Optimization of earthquake energy dissipation system by genetic algorithm. Comput Aided Civ Inf 28 (10): 796-810.

Holland J (1975) Adaptation in natural and artificial systems: an introductory analysis with application to biology. In: Control and artificial intelligence.

Jervis M, SenMK, StoffaPL (1996) Prestack migration velocity estimation using nonlinear methods. Geophysics 61 (1): 138-150.

Kelley CT (1999) Iterative methods for optimization. Soc Ind Appl Math.

Kirkpatrick S, Gelatt CD, Vecchi MP (1983) Optimization by simulated annealing. Science 220 (4598): 671-680.

Ma XQ (2002) Simultaneous inversion of pre-stack seismic data for rock properties using simulated annealing. Geophysics 67: 1877-1885.

Mallick S (1999) Some practical aspects of prestack waveform inversion using a genetic algorithm: an example from the east Texas Woodbine gas sand. Geophysics 64 (2): 326-336.

Mallick S (1995) Model-based inversion of amplitude-variations-with-offset data using a genetic algorithm. Geophysics 60 (4): 939-954.

Maurya SP, Singh KH, Kumar A, Singh NP (2017) Reservoir characterization using post-stack seismic inversion techniques based on a real coded genetic algorithm. J Geophys 39 (2): 95-103.

Metropolis N, Rosenbluth AW, Rosenbluth MN, Teller AH, Teller E (1953) Equation of state calculations by fast computing machines. J Chem Phys 21 (6): 1087-1092.

Misra S, Sacchi MD (2008) Global optimization with model-space preconditioning: application to AVO inversion. Geophysics 73 (5): R71-R82.

Moncayo E, Tchegliakova N, Montes L (2012) Pre-stack seismic inversion based on a genetic algorithm: a case from the Llanos Basin (Colombia) in the absence of well information. CT&FCiencia Tecnología y Futuro 4 (5): 5-20.

Morgan EC, Vanneste M, Lecomte I, Baise LG, Longva O, McAdoo B (2012) Estimation of free gas saturation from seismic reflection surveys by the genetic algorithm inversion of a P-wave attenuation model. Geophysics 77 (4): R175-R187.

Mosegaard K, Vestergaard PD (1991) A simulated annealing approach to seismic model optimization with sparse prior information 1. Geophys Prosp 39 (5): 599-611.

Polyak BT (1969) The conjugate gradient method in extremal problems. USSR Comput Math Math Phys 9 (4): 94-112.

Pullammanappallil SK, Louie JN (1994) A generalized simulated-annealing optimization for inversion of first-arrival times. Bull Seismol Soc Am 84 (5): 1397-1409.

Rebbi C (1987) Monte Carlo calculations in lattice gauge theories. Applications of the Monte Carlo method in statistical physics. Springer, Berlin, pp 277-297.

SenMK, Stoffa PL (1991) Nonlinear one-dimensional seismic waveform inversion using simulated annealing. Geophysics 56 (10): 1624-1638.

Sen MK, Stoffa PL (2013) Global optimization methods in geophysical inversion. Cambridge University Press, Cambridge.

SenMK, Datta-Gupta A, Stoffa PL, Lake LW, Pope GA (1995) Stochastic reservoir modeling using simulated annealing and genetic algorithm. SPE Formation Eval 10 (01): 49-56.

Shewchuk JR (1994) An introduction to the conjugate gradient method without the agonizing pain, Technical report, Carnegie Mellon University.

Sivanandam SN, Deepa SN (2007) Introduction to genetic algorithms. Springer Science and Business Media.

Szu H, Hartley R (1987) Fast simulated annealing. Phys Lett A 122 (3-4): 157-162.

Tran KT, Hiltunen DR (2012) One-dimensional inversion of full waveforms using a genetic algorithm. J Environ Eng Geophys 17 (4): 197-213.

Van Laarhoven PJ, Aarts EH (1987) Simulated annealing. Simulated annealing: theory and applications. Springer, Dordrecht, pp 7-15.

Velez-LangsO (2005) Genetic algorithms in the oil industry: an overview. J Petrol Sci Eng 47 (1): 15-22.

Whitley LD (1989) The GENITOR algorithm and selection pressure: why rank-based allocation of reproductive trials is best. Icga 89: 116-123.

Yang J, Honavar V (1998) Feature subset selection using a genetic algorithm. In: Feature extraction, construction and selection. Springer, Berlin, pp 117-136.

Yan-Jun H, Ding-Hui Y, Yuan-Feng C (2016) Reservoir parameter inversion of co2 geological sequestration based on the self-adaptive hybrid genetic algorithm. Chin J Geophys Chin Ed 59 (11): 4234-4245.

Yuan Y, Zhuang H (1996) A genetic algorithm for generating fuzzy classification rules. Fuzzy Sets Syst 84 (1): 1-19.

第 7 章　地质统计学反演

地质统计学反演通常用于利用地震和测井数据预测井间的各种地球物理参数。地质统计学反演通过使用测量点的数值估算数据点之间每个位置的数值，进而形成数据面。本章讨论了不同类型的地震属性及其在地震资料解释中的应用。在此基础上，讨论了四种地质统计学反演方法，即单属性分析法、多属性回归法、概率神经网络法和多层前馈神经网络法。本章首先讨论了这些方法的数学基础，最后介绍了这些方法在实际数据中的应用，以便更好地理解这些方法。

7.1　引言

地质统计学反演是一种综合了地震和测井资料，预测井间区域各种岩石性质的数学技术，用于预测信息点之间的参数值。地质统计学反演仅适用于与空间有关的信息（即非随机信息）。该技术的基本原理是：首先定义和量化目标变量的空间结构，然后根据其空间构成对相邻值进行插值或评估。地质统计学反演技术有很多种，并在不断发展，但其中一些技术非常重要，在石油工业中得到了广泛的应用。目前常用的地质统计学反演方法包括单属性分析、多属性回归和神经网络（包括前馈神经网络和概率神经网络）。这些方法使用地震反演导出的声波阻抗作为外部属性，直接从地震数据中导出的属性作为其实现的内部属性（Doyen，1988）。对这些属性进行相互分析，并选择最佳属性的组合，以导出目标测井曲线（需预测的岩石物理性质）与每个采样点的属性之间的关系，进而用于预测井间区域的测井属性（Haas 和 Dubrule，1994）。

地质统计学反演提供了两组插值技术，即确定性技术和地质统计学技术（Russell 等，1997）。确定性技术使用数学函数进行插值，而地质统计学技术同时使用统计和数学方法（Hampson 等，2001）。

地质统计学技术起源于采矿业，在地球物理勘探中对储层特征的描述非常有用（Bosch 等，2010）。由于对测井密度的依赖性，地质统计学方法的最初使用受到限制，但现代方法成功地将测井（高频）和地震信息（低频）结合起来，因此其应用范围变得广泛。地质统计学反演的输入不再是传统的地震反射数据（Lindseth，1979）。

这些方法可用于预测速度、密度、伽马射线、孔隙度、渗透率、泥砂比等，但在大多数情况下，孔隙度和渗透率是储层描述需要分析的主要岩石物理参数。由于孔隙度和渗透率在储层范围上变化很大，因此很难预测，只能通过不同的技术手段在不同观测尺度下进行钻孔取样获得（Chiles，1988；Taner 等，1979）。地震资料主要受地下孔隙和岩石性质的影响。在某些情况下，地震数据也可能受到孔隙流体置换的影响，这通常由渗透率所控制（Todorov，2000）。因此，孔隙度和渗透率的准确预测在勘探项目中非常重要（Jones 和 Helwick，1998）。

岩石孔隙的定量研究也很重要，但并不容易。评估岩石孔隙的主要难题是地层中存在多种类型的孔隙（Hampson 等，2001）。孔隙度可以通过多种技术进行预测，有些技术是基于岩心样品，有些技术则是通过使用测井数据建立数学模型（Dubrule，2003）。测井数据有非常好的地下（地层）垂向分辨率，但通常井点较为稀疏（Adeli 和 Panakkat，2009）。相比之下，地震数据提供了非常密集和规则的区域采样，但垂向分辨率较低。因此，综合使用地震数据与井数据可以显著改善孔隙度的预测精度（Masri 等，2000）。地震属性因此成了一种广泛使用的方法，以降低预测空间的不确定性（Specht，1990，1991）。

在前面章节中已经讨论过的传统地震反演方法具有局限性，试图在这里进行超越克服。第一，要预测声波阻抗以外的测井属性，如孔隙度（Anderson，1996）。第二，使用地震数据的属性，而不是常规的叠后数据，这里包涵了叠前信息以及经非线性变换后的叠后数据。第三，不是直接在测井数据和地震数据之间假定一个特定模型，而是通过分析一组井点的训练数据，得到一个统计关系，这种统计关系可以是线性（多元回归）或非线性（神经网络）的。第四，使用交叉验证的理论方法估算得到统计关系的可靠性（Torres Verdin 等，1999）。地质统计学反演流程图如图 7.1 所示。图中说明了本章讨论的所有地

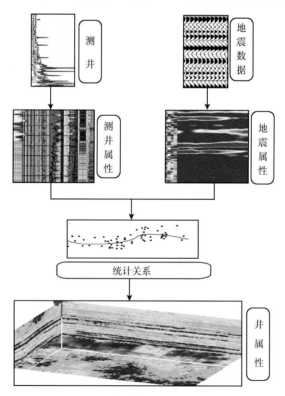

图 7.1　地质统计学反演方法流程图

质统计学方法的工作原理。地质统计学反演利用了直接或间接从地震反射数据中估算的若干地震属性，因此在详细介绍该方法之前，有必要理解这些地震属性。接下来的几节将讨论一些重要的地震属性及其应用。

7.2　地震属性

地震属性可以简便地定义为从地震数据中测量、计算或隐含的量。自 20 世纪 70 年代初引入以来，地震属性一直在发展，已成为地球科学家描述储层特征的辅助工具，同时也是质量控制的工具（Chambers 和 Yarus，2002；Chopra 和 Marfurt，2007）。地震属性是从地震数据中获得的几何学、运动学、动力学或具统计特征的特定测量值。其中一些对特定的储层环境更为敏感，有些更易于揭示不易探测到的地下异常情况，有些则直接用作油气检测（Taner 等，1994；Chopra 和 Marfurt，2005，2007）。不同的学者介绍过不同种类的属性及其用途。随着三维地震技术和相关技术的发展，以及地震层序属性的引入，90 年代中期的相干体技术和 90 年代后期的频谱分解技术改变了地震解释技术，并提供了早期地质家们所不具备的必要工具。随着三维可视化技术的发展，地震属性的使用达到了一个新的高度。各种地震属性的发展需要一个系统的分类，当然也需要一个系统的方法来理解每一个属性的使用以及它们在不同情况下的局限性。

7.2.1　地震属性的分类

虽然本书的目的是了解不同的属性，让这些属性可以作为解释的工具，在此之前理解不同属性的分类非常有用。能得到的地震属性越多，地质家在选择合适的属性时可能就越困惑。提高数据质量，在导致地下岩石物理特征异常、地震资料处理过程在增强或破坏属性异常方面的作用以及在缺乏良好井控的情况下地震属性的意义等方面都有帮助（Russell 等，1997）。同时能帮助解释人员选择地震属性，以便对当前正在研究的问题提供最深入的了解。地震属性进行分类的方法是根据其特征，即根据其几何特征和物理特征进行分类。

7.2.1.1　几何属性

表示对象（多边形段）几何特征的属性创建基于对象的图像分析，称为几何属性。几何属性包括描述时空关系外的其他所有属性。由相似系数预测的横向连续性表达了层面的相似性和不连续性，层面的倾角属性和曲率属性则给出了沉积的信息（Brown，1996）。几何属性还可用于地层分析，因为它们能识别同相轴的特征及其空间关系，并可用于定量描述，这些特征有助于直接识别沉积模式及其岩性。

几何属性包括倾角、方位角和不连续性。数据的倾角属性或振幅属性与地震同相轴的倾角相对应。倾角很有用，因为它使断层更容易辨认。而方位属性数据中的振幅和地震同相轴的最大倾向方位相对应（Taner，2001）。

7.2.1.2 物理属性

物理属性指与波的传播、岩性及其他参数直接相关的属性。物理属性可以进一步分为叠前属性和叠后属性。每类属性都有子类，如瞬时属性和子波属性。瞬时属性由逐个样点计算而来，表示属性沿时间轴和空间轴的连续变化（Brown，1996；Taner，2001；Maurya 等，2019）；而子波属性代表了子波及其振幅谱的特征。振幅包络的大小与界面波阻抗差成正比；频率与地层密度、波频散和吸收有关。总之，这些属性主要用于岩性分类和储层描述。物理属性的分类如下。

（1）叠后属性。

叠后属性由叠加后的地震数据导出。叠加是一种消除与偏移距和方位角相关的数据的平均方法。输入信息可以是叠加的或偏移的 CDP 数据。值得注意的是，时间偏移的信息将保持其时间关系，因此如频率等时间因素也将保持其物理特性。深度偏移资料用波数代替频率，波数是传播速度和频率的函数。为寻找大量的信息，叠后属性在初始识别需求中是一种更易于获得和整合的属性。

这些属性是从复地震道信号中提取的多种特性的结果。复地震道的概念首先由 Taner 等（1979）提出，定义如下：

$$CT(t) = T(t) + iH(t) \tag{7.1}$$

式中，CT（t）表示复地震道；T（t）表示地震道；H（t）是 T（t）的 Hilbert（希尔伯特）变换。

此外，基于复地震道，叠后属性被分为许多子类，下面几节将讨论其中一些子类。

①信号包络（E）。

信号包络也称为反射强度，从复地震号中计算得到，其计算方法为：

$$E(t) = \text{SQRT}\left[T^2(t) + H^2(t) \right] \tag{7.2}$$

式中，SQRT 表示平方根。

地震信号的信号包络具有低频现象，只有正振幅，它常常突出主要的地震特征。信号包络线代表信号的瞬时能量，其大小与反射系数成比例（Brown，1996）。

振幅包络可用于突出显示不连续性、岩性变化、断层、沉积变化、调谐效应和层序边界。它也与反射率成正比，因此有助于分析 AVO 异常。两个只存在常相位差异的数据，它们的信号包络将相同（Russell 等，2001）。此属性主要反映声波阻抗差异（即反射系数），主要用于识别亮点、天然气聚集、层序界面、重大沉积环境变化、薄层调谐效应、不整合面、岩性重大变化等。

②包络导数（RE）。

包络导数或包络变化的时间速率反映了反射同向轴的能量变化。同向轴的相对急剧增加一方面表明了频带更宽，同时也代表地层对地震波吸收的影响更小（Chopra 和 Marfurt，2007）。该属性也是一种物理特征，可用于识别出裂缝和吸收性储层等对波产生的潜在影响。包络导数的数学表达式为：

$$RE(t) = \frac{dE(t)}{dt} \tag{7.3}$$

包络导数突出了：a. 反射系数的变化，也与能量的吸收有关；b. 上升时间的锐度，与界面吸收强弱有关；c. 显示不连续性。它常用于波组传播方向的计算。当与相位传播方向相比较时，可以指示频散。

③包络的二阶导数（DDE）。

包络的二阶导数提供了最大包络锐度的测量值。它可用于定义所有地震带宽的反射界面（Chopra 和 Marfurt，2005），表示为：

$$DDE(t) = \frac{d^2 E(t)}{dt^2} \tag{7.4}$$

包络二阶导数很好地突出了界面。此属性对振幅不太敏感，甚至可以突出显示较弱的事件。它用于显示地震带宽内可见的所有反射界面、同相轴的锐度、岩性的急剧变化（Chopra 和 Marfurt 2007）。这对在地震带宽内的地下界面成像有很大的作用。

④瞬时相位。

由于将波前定义为连续阶段的直线，相位属性也是一种物理特性，可以有效地判别几何图形的类型。瞬时相位属性如下所示：

$$\phi(t) = \arctan \left| \frac{H(t)}{T(t)} \right| \tag{7.5}$$

地震道 $T(t)$ 及其 Hilbert 变换 $H(t)$ 与包络线 $E(t)$ 和相位 $\phi(t)$ 的关系为：

$$\begin{cases} T(t) = E(t) \cos\phi(t) \\ H(t) = E(t) \sin\phi(t) \end{cases}$$

瞬时相位的测量单位是度（$-\pi$，π）。它与振幅无关，显示事件的连续性和不连续性（Chambers 和 Yarus，2002），可以很好地显示地层。该属性与波传播的相位分量有关，因此可用作横向连续性的最佳指标，也可用于计算相速度。该属性将所有同相轴都表现出来了，但因没有振幅信息，所以在显示不连续性方面可能不是最佳。该属性非常有利于显示连续的层序边界，因此常用于计算瞬时频率（IF）和瞬时加速度 $AC(t)$。

⑤瞬时相位余弦 $C(t)$。

瞬时相位的余弦数学表达式为：

$$C(t) = \cos\phi(t) \tag{7.6}$$

瞬时相位的余弦也与振幅无关，显示地层层理性很好。该属性比相位（具有不连续性）更平滑，因此对于自动聚类处理非常有用。

⑥瞬时加速度 AC。

瞬时加速度是瞬时频率的时间导数。它突出了瞬时频率的变化，可以指示薄层或地震波频谱的吸收。从数学上讲，AC 可以表示如下：

$$AC(t) = \frac{dF(t)}{dt} \tag{7.7}$$

瞬时加速度可用于突出地层差异，具有较高的分辨率。但可能由于微分而具有较高的噪声水平，也可能与地层的弹性性质有关。

⑦瞬时频率（IF）。

瞬时频率是相位的时间导数，即相位的变化率。瞬时频率属性已被证明与地震子波能量谱的质心有关（Cohen 和 Lee，1990；Barnes，1991、1993）。瞬时频率属性对波的传播和沉积特征的影响都有反应，作为物理属性，是一种有效的鉴别方法。从数学上讲，IF 可以表示如下：

$$IF(t) = \frac{d\phi(t)}{dt} \tag{7.8}$$

瞬时频率表示子波的平均振幅。瞬时频率可以指示地层厚度和岩性参数；能指示低阻抗薄层的边缘，并能通过低频异常指示油气和裂缝带。孔隙中含油、砂岩未固结有时会加强这种影响。

⑧薄层指示。

该属性用于突出显示瞬时频率跳跃或瞬时频率反转（Tanner，1979）。这些跳跃可能是由于反射体（如薄层）之间非常接近引起的。计算如下：

$$TB(t) = F(t) - F'(t) \tag{7.9}$$

对于该属性，计算窗口长度用于计算 $F'(t)$。它由瞬时频率的大峰值计算而来，表示了同向轴叠置关系。其中，横向连续好代表薄层，如盐丘、火成岩等横向不稳定体则表现为无反射空白区。该属性也常用于层序界面样式的精细解释。

⑨瞬时带宽 $B(t)$。

Barnes（1991）对该属性进行了定义，可以写成如下形式：

$$B(t) = \frac{\dfrac{dE(t)}{dt}}{2E(t)} \tag{7.10}$$

该属性突出了层序界面；表示每个样点的地震数据的频带宽，它与高分辨率地震特征相关；显示了频谱吸收和地震特征变化的总体影响（Russell 等，2001）。

⑩瞬时 Q。

瞬时 Q 是 Barnes（1992）提出的一种属性。Q 是与衰减有关的质量因子。瞬时 Q 测量的是 Q 的高频分量，并显示 Q 的局部变化。该属性由下式推导而来：

$$Q(t) = \mathrm{IF}(t) * \frac{E(t)}{\dfrac{\partial E(t)}{\partial t}} \tag{7.11}$$

式（7.11）用来表示 Q 的局部变化，类似于地震道的相对声波阻抗计算。通过频谱划分计算将长波长的变化添加到该属性中。Q 可以通过纵横波比剖面来指示流体含量，还能指示地层的相对吸收特性（Taner，2001）。

⑪相对声波阻抗。

此属性是通过应用低截滤波计算的地震道的和。在相对意义上，它指示了声波阻抗变化。低截滤波器用于消除低频部分，常常用于声波阻抗数据（如果低截滤波器的值为 0，则代表没有消除低频）。计算的地震道是复地震道简单积分的结果（Maurya 和 Singh，2018）。它代表了相对声波阻抗高频部分的近似值。

（2）叠前属性。

叠前属性由经过 NMO 动校正和偏移的叠前地震数据计算而来，具有方位角和偏移距信息。叠前地震数据具有更多信息，因此与叠后属性相比，叠前属性用于估算更多的地球物理特性（Taner，2001；Barnes，1994；Maurya 和 Singh，2018）。这些计算产生了大量的数据，因此对于最初的研究来说，它们并不实用。然而，它们包含了大量的数据信息，并可以直接与流体含量和裂缝方向关联起来。叠前属性包括 AVO、速度和方位变化等所有的地球物理特征。

①反射均方根速度。反射均方根速度可以从时间偏移速度分析中计算出来，与倾角的主要影响无关。用于砂泥比预测、高压页岩带检测、重大岩性变化检测等。

②不连续性。不连续性也是一个几何属性，检测数据中的横向关系，强调断层等的不连续性。此属性上的高振幅值对应于不连续性特征，而低振幅值对应于连续性特征。不连续性在 0 和 1 之间变化，其中 0 是连续，1 是不连续。属性的推导是通过综合考虑多个记录道来进行的，以揭示地层的不连续性（几何结构）（Soubotcheva 和 Stewart，2004）。该属性可用于解释最大相干方向的相干、最小相干方向的相干、同相轴终止、拾取层位、断层探测、平行层理区、杂乱层理区、空白反射区、收敛和发散层理模式以及不整合面等多种地质现象。

图 7.2 和 7.3 展示了从布莱克福特地震数据中计算提取的一些重要属性，高振幅异常用箭头突出显示。还可以注意到，上面讨论的一些属性显著提高了地层特征的分辨率，因此地震振幅是支持地震数据解释的非常重要的步骤。图 7.4 和图 7.5 为图 7.2 和图 7.3 所示的所有属性在 1060 ms 时间间隔下的切片。这些切片表示属性的水平分布，也可以注意到地下异常有所增加。

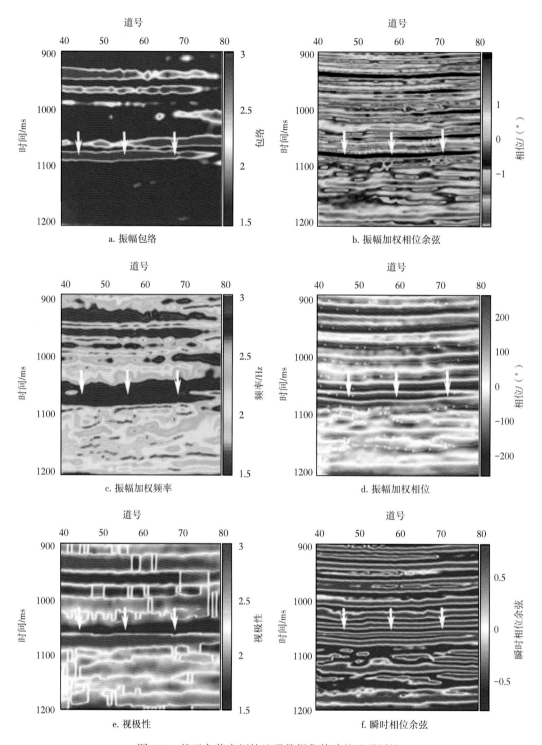

图 7.2　基于布莱克福特地震数据集估计的地震属性

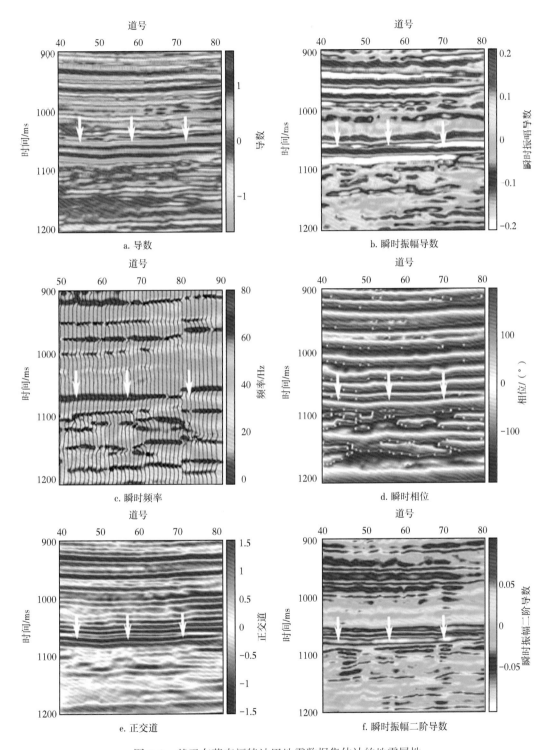

图 7.3 基于布莱克福特油田地震数据集估计的地震属性

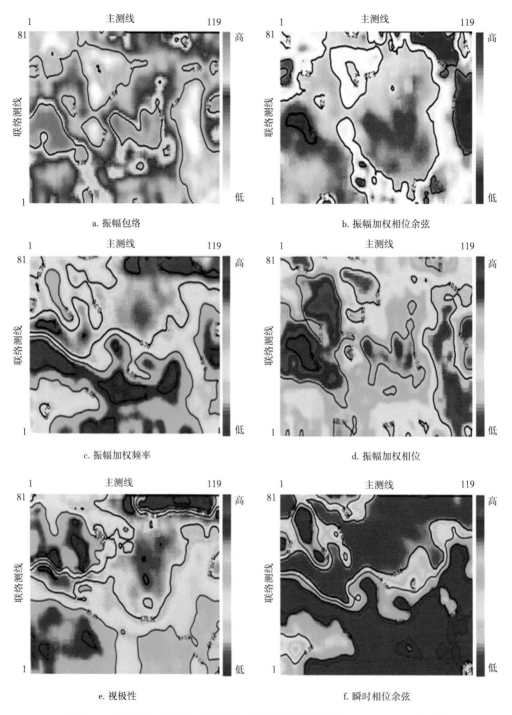

图 7.4　基于布莱克福特油田地震数据集估计的地震属性在 1065ms 时的切片

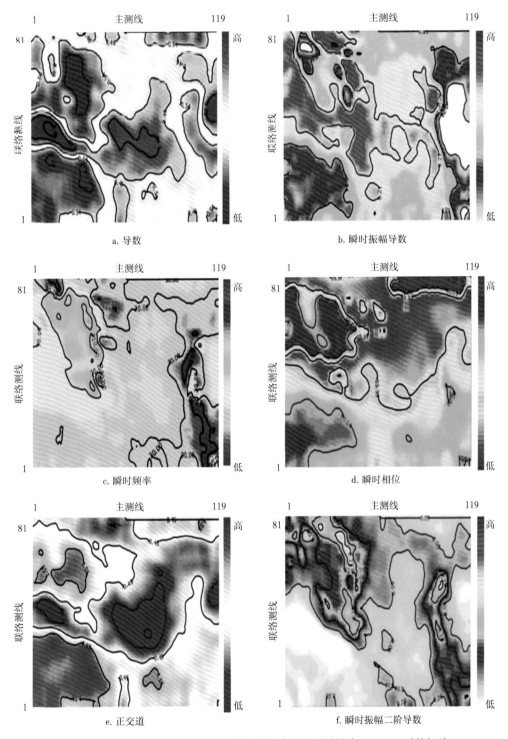

图 7.5　基于布莱克福特油田地震数据集估计的地震属性在 1065 ms 时的切片

7.3 单属性分析（SAA）

单属性分析是地质家用来预测远离钻井的地下岩石性质的第一种地质统计学反演方法。在这种方法中，目标是发现一个潜在的线性算子，可以从邻近的信息中预测测井曲线。实际上，选择的不是地震信息本身，而是地震属性。背后的原因是这些属性中有许多是非线性的，因此与原始地震数据相比，该技术的预测能力有所提高。另一个原因是，将输入信息分解出部分组分通常更有利。这种方法称为预处理或特征提取，可以通过降低信息维数来显著提高模式识别的效率（Russell 等，2001）。

单属性分析技术通过分析所有或部分内部和外部属性，以确定最有利于预测目标测井的属性。单属性意味着属性是单独使用的，而不是多属性，即是以属性群组的方式使用来表达特性。

单属性分析过程是一次使用一个属性来找出属性与所需测井属性之间的关系。第一步，预测岩石物理参数，从地震数据中提取地震属性。第二步，选择最佳属性。第三步，将该特定属性与目标测井数据交会，以推导出用于预测测井属性的线性关系。

表 7.1 列出了属性及其与所需测井属性的相关性。表的每一行都包含特定属性的信息。通常，最好使用所有属性并根据其与预测目标测井信息的准确性进行排序。通过预测误差的增加，即预测目标适用性的降低，对属性进行排序。用非线性变换方式，如倒数、对数、平方根或其他简单的变换确定测井和地震属性之间是否在良好线性关系。例如，测井属性和地震属性之间的关系可能不是线性关系（它可能类似于曲线），但如果将一个或两个属性转换为对数值，则可能会出现线性关系，交会图上的点显示为直线。

表 7.1 单一属性列表及其与目标孔隙度的相关性

属性编号	目标	属性	误差/%	相关系数
1	孔隙度	1/声波阻抗	5.01322	0.381154
2	孔隙度	声波阻抗	5.041142	-0.36842
3	孔隙度	声波阻抗平方	5.066357	-0.35646
4	孔隙度	导数	5.261693	0.24177
5	孔隙度	正交道	5.275328	-0.23145
6	孔隙度	振幅加权相位余弦	5.275942	0.230968
7	孔隙度	滤波	5.306574	0.205723
8	孔隙度平方根	导数	5.308363	0.249109
9	孔隙度	振幅加权相位	5.320532	-0.19307

属性编号	目标	属性	误差/%	相关系数
10	孔隙度	瞬时相位余弦	5.343901	0.169711
11	孔隙度	瞬时相位	5.36141	-0.14976
12	孔隙度	瞬时振幅导数	5.400413	0.090291
13	孔隙度	二阶导数	5.403192	-0.08445
14	孔隙度	积分绝对振幅	5.403278	0.08126
15	孔隙度	瞬时频率	5.411403	0.064118

从表 7.1 可以看出，声波阻抗属性的倒数（1/声波阻抗）是最优的，因此可用于下面的预测过程。然后，将所选属性与测井孔隙度（密度—孔隙度）交会，以预测井间区域的孔隙度，如图 7.6 所示。在这一分析中，假设目标测井曲线已转换成旅行时间，这样做是为了与地震属性达到相同的采样率。事实上，这种转换已将目标测井曲线降低到与地震属性相同的分辨率，而地震分辨率通常比测井数据分辨率低得多。交会图中的每个点都由一对对应于特定时间样本的数字组成。

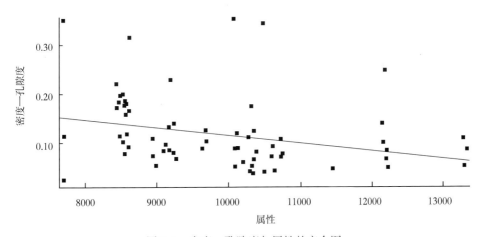

图 7.6　密度—孔隙度与属性的交会图

红线为最佳拟合直线

假设目标测井曲线（密度—孔隙度）与属性之间存在线性关系，则可通过以下方式回归拟合成直线：

$$y = qx + p \tag{7.12}$$

式（7.12）中的系数 p 和 q 可以通过最小化均方预测误差得到：

$$E^2 = \frac{1}{N} \sum_{i=1}^{N} (y_i - p - qx_i)^2 \tag{7.13}$$

其中总和是交会图中的全部点。计算的预测误差 E 是式（7.12）定义的回归线拟合优度的度量。另一种方法是归一化相关系数，定义如下：

$$\rho = \frac{\sigma_{xy}}{\sigma_x \sigma_y} \tag{7.14}$$

其中：

$$\sigma_{xy} = \frac{1}{N} \sum_{i=1}^{N} (x_i - m_x)(y_i - m_y) \tag{7.15}$$

$$\sigma_x = \frac{1}{N} \sum_{i=1}^{N} (x_i - m_x) \tag{7.16}$$

$$\sigma_y = \frac{1}{N} \sum_{i=1}^{N} (x_i - m_y) \tag{7.17}$$

$$m_x = \frac{1}{N} \sum_{i=1}^{N} x_i \tag{7.18}$$

$$m_y = \frac{1}{N} \sum_{i=1}^{N} y_i \tag{7.19}$$

该方法所建立的属性间的数值关系，也可用于预测井点的密度—孔隙度。

图 7.7 为 6 口井的目标测井曲线（黑色）与预测测井曲线（红色实线，使用 SAA 估算）的对比。曲线图顶部标注的平均误差是在分析窗口中计算的目标测井值与预测值之间的均方根差。需要注意的是，声波阻抗倒数的回归曲线（表 7.1）会产生与目标测井曲线

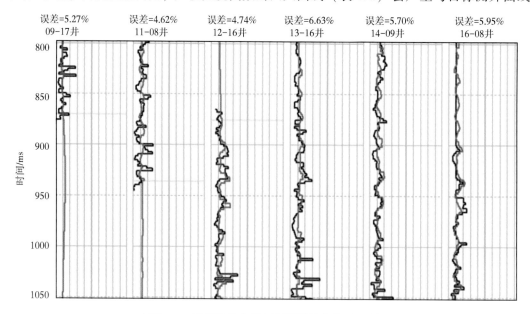

图 7.7　目标测井曲线与预测测井曲线对比图

黑色为目标测井曲线，红色为预测测井曲线，顶部为平均误差和井名

总体趋势大体一致的结果，但不能充分预测细微特征。这是因为反演结果受地震资料的低精度影响所致。

从图 7.7 可以看出，预测孔隙度在一定程度上与实际孔隙度相匹配。即平均相关系数估计为 0.45，平均均方根误差为 4.85。图 7.8 为预测孔隙度与实际孔隙度的交会图。散点的分布表明，预测的孔隙度与实际孔隙度的变化趋势一致。图 7.9 为主测线 244 的孔隙度反演剖面，可以看出孔隙度的垂直变化和水平变化（0~15%）。图 7.10 为反演预测的孔隙度三维显示图，因无法区分地下薄层，其中的剖面仅显示了孔隙度的平缓变化。这是因为预测只依赖于一个属性，因此分辨率很差。

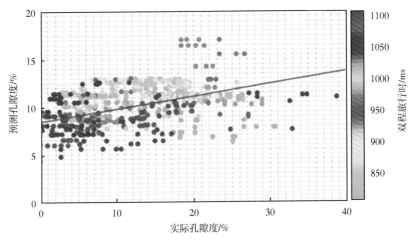

图 7.8　预测孔隙度与实际孔隙度交会图

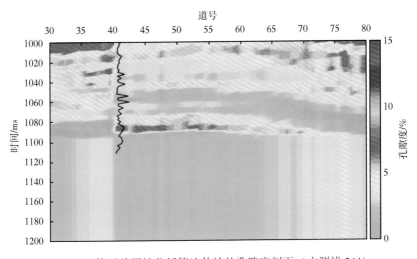

图 7.9　使用单属性分析算法估计的孔隙度剖面（主测线 244）

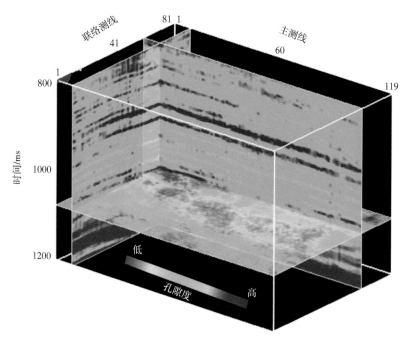

图 7.10　使用单属性分析技术估计的孔隙度三维地震图

　　单属性分析在三维数据集上的应用非常有限。在大多数情况下，单属性分析显示的预测曲线与实际曲线的相关性较差，无法用于定量解释。但这种方法具有非常快速的优点，可以用于定性解释，因此时间有限时，也可以生成岩石物理参数数据体。为了克服单属性分析中遇到的难题，需要进行多属性回归分析。

7.4　多属性回归（MAR）

　　多属性回归指一次同时使用多个属性预测井间的岩石物理参数。这可以通过将传统的线性分析（单属性分析）扩展到多属性（多属性回归）来实现。为了简单起见，假设有三个属性（a_1、a_2 和 a_3）预测孔隙度。图 7.11 展示了如何用这三个属性预测测井曲线。

　　在每个时间采样点，目标测井曲线由以下线性方程得出：

$$L(t) = w_0 + w_1 a_1(t) + w_2 a_2(t) + w_3 a_3(t) \tag{7.20}$$

式中，w_0、w_1、w_2 和 w_4 是权重。

　　式（7.20）中的权重可通过最小平方预测误差得出（Hampson 等，2000，2001）：

$$E^2 = \frac{1}{N} \sum_{i=1}^{N} (L_i - w_0 - w_1 a_{1i} - w_2 a_{2i} - w_3 a_{3i})^2 \tag{7.21}$$

　　这是四个权重求解的标准正态方程，可按以下方式估算。

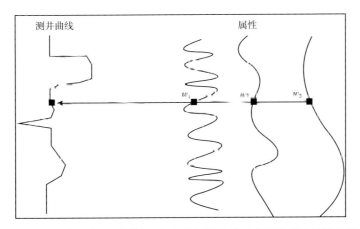

图 7.11　假设有三个地震属性，每个目标样本为三个属性样本的线性组合

多属性线性回归是 M 个变量的简单属性回归方法的推广。现在将使用 M 个地震属性 a_1，a_2，$\cdots$，a_M 来预测测井属性（L）。为此，必须确定 $M+1$ 个的权重 w_0，w_1，w_2，$\cdots$，w_M，当乘以一组特定的属性值时，从最小平方意义上讲，得到的结果与测井最接近。为了简单起见，假设 $M=3$（Hampson 等，2001）。如果测井数据中有 N 个样本，则有：

$$L_1 = w_0 + w_1 a_{11} + w_2 a_{21} + w_3 a_{31}$$
$$L_2 = w_0 + w_1 a_{12} + w_2 a_{22} + w_3 a_{32}$$
$$\vdots$$
$$L_N = w_0 + w_1 a_{1N} + w_2 a_{2N} + w_3 a_{3N}$$

式中，a_{ij} 是第 i 个属性的第 j 个样本。

注意，上面的方程可以用矩阵表示为：

$$
\begin{bmatrix} L_1 \\ L_2 \\ L_3 \\ L_4 \end{bmatrix}
=
\begin{bmatrix} 1 & a_{11} & a_{21} & a_{31} \\ 1 & a_{12} & a_{22} & a_{32} \\ \vdots & \vdots & \vdots & \vdots \\ 1 & a_{1N} & a_{2N} & a_{33} \end{bmatrix}
\begin{bmatrix} w_0 \\ w_1 \\ w_2 \\ w_3 \end{bmatrix}
\tag{7.22}
$$

式（7.22）又可以表示为：

$$L = AW \tag{7.23}$$

式中，L 是包含已知对数值的 $N{\times}1$ 矩阵；A 是包含属性值的 $N{\times}4$ 矩阵；W 是具有未知权重的 $4{\times}1$ 矩阵（Taner，1994）。

利用最小二乘法最小化求解得到：

$$W = \left[A^{\mathrm{T}} A \right]^{-1} A^{\mathrm{T}} L \tag{7.24}$$

权重可以按下式详细计算：

$$
\begin{bmatrix} w_0 \\ w_1 \\ w_2 \\ w_3 \end{bmatrix} = \begin{bmatrix} N & \sum a_{1i} & \sum a_{2i} & \sum a_{3i} \\ \sum a_{1i} & \sum a_{1i}^2 & \sum a_{1i}a_{2i} & \sum a_{1i}a_{3i} \\ \sum a_{2i} & \sum a_{1i}a_{2i} & \sum a_{2i}^2 & \sum a_{2i}a_{3i} \\ \sum a_{3i} & \sum a_{1i}a_{3i} & \sum a_{2i}a_{3i} & \sum a_{3i}^2 \end{bmatrix}^{-1} \begin{bmatrix} \sum L_i \\ \sum a_{1i}L_i \\ \sum a_{2i}L_i \\ \sum a_{3i}L_i \end{bmatrix} \tag{7.25}
$$

与单属性类似，使用导出的权重计算的均方误差［式（7.23）］作为变换的拟合优度度量，与式（7.14）中定义的相关性归一化一样，x 是预测的曲线值，y 是实际的曲线值（Russell 等，1997；Swisi，2009）。

7.4.1 逐步回归法确定属性

前面的章节中已推导的方程能够为任何一组属性识别最佳的算子。这些算子在最小化实际目标测井曲线和预测目标测井曲线之间的预测均方误差的意义上是最优的。下面讨论如何选择这些属性。

有两种方法可用于属性选择。第一种方法是穷举搜索，第二种方法是逐步回归方法。第一种方法耗时很长，因此较少使用。第二种方法，即逐步回归法是 Draper 和 Smith 在 1966 年开发的程序，虽然也存在瑕疵，但使用范围较广。在这个程序中，假设已经知道 M 个属性的最佳组合，那么 $M+1$ 个属性的最佳组合将包含之前的 M 个属性作为成员。当然，有必要重新推导之前计算的系数。实现过程如下。

首先，通过穷举搜索找到单个最优属性，求解最优系数，计算预测误差。最佳属性是预测误差最小的属性。假设这个属性是 a_1。

其次，找到最佳的属性对，假设属性 1（a_1）是第一个成员。对列表中的每个属性进行配对，求出最优系数，并计算预测误差。最佳对是预测误差最小的一对。设定最佳对的第二个属性是 a_2。

类似地，在第三步中，假设前两个成员是 a_1 和 a_2，找到最好的三元组属性。对于列表中的每个属性，形成所有三元组，并求解每个三元组的最佳系数，并计算预测误差。设定最佳三元组的第三个属性是 a_3。

可以不断地持续这个过程。首先要注意的是，这个过程的计算时间比穷举搜索要短得多（Russell 等，1997，2001）。逐步回归的问题是，不能确定得到的是最优解。换句话说，通过穷举搜索，找到的五个属性的组合可能不是最好的五个。但是，找到每个附加属性的预测误差都不大于之前找到的组合。如果新的预测误差大于前一组的组合，则该新属性的所有权重为 0，且预测误差等于前一组。

7.4.2　多属性回归的应用

以加拿大艾伯塔省布莱克福特油田数据为例，介绍了多属性回归在孔隙度预测中的应用实例。属性列表由地震数据直接或间接用 7 点褶积算子生成，其中一些属性见表 7.2。表中每一行都包含一个特定属性的信息，并按预测误差增加的顺序排列。一方面，表中训练误差对应于属性的组合和上面一行的属性。另一方面，表中验证列表示交叉验证误差。如前所述，在标准条件下，训练误差应随着新属性的增加而减小（Pramanik 等，2004；Eskandari 等，2004）。但可以注意到，通过添加第四个属性，即视极性，验证误差增大，因此与该属性对应的所有权重变为零。表 7.2 的图示如图 7.12 所示。该分析表明仅需要选择初始三个属性，即声波阻抗的倒数、振幅加权余弦相位和 x 坐标。

表 7.2　多属性及其与目标孔隙度的误差

属性编号	目标值	最终属性	训练误差/%	验证误差/%
1	孔隙度	1/声波阻抗	4.963269	5.046682
2	孔隙度	振幅加权相位余弦	4.813295	4.959127
3	孔隙度	x 坐标	4.7781	4.925902
4	孔隙度	视极性	4.745512	4.95469
5	孔隙度	瞬时频率	4.710768	4.973616
6	孔隙度	主频率	4.684892	4.982152
7	孔隙度	滤波门 25/30~35/40	4.659465	4.991252

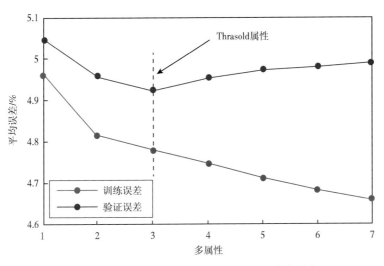

图 7.12　使用所有属性多属性回归的预测误差图

然后将所选的三个属性的组合与测井孔隙度进行交会，形成的最佳拟合直线提供了属性与特定采样点孔隙度之间的关系，并可进一步用于预测井间区域的孔隙度。这个过程类似于单属性分析，但唯一的区别是在多属性回归中一次使用多个属性。应用的第一步是将多属性回归方法应用于井位附近的复地震道，并对孔隙度进行预测。尽管已经知道某个井点的孔隙度，以交叉验证预测孔隙度，但仍需进行复地震道分析。图 7.13 为 01-17 井、08-08 井和 16-08 井的预测孔隙度（红线）与实际孔隙度（黑线）的对比，可以看出，所有井的预测孔隙度都遵循原始孔隙度的趋势。两者之间的平均相关系数估计为 0.58，误差为 4.61%。此外，在测井数据的实际孔隙度和预测孔隙度之间生成一个交会图，如图 7.14 所示。散点分布表明，预测的孔隙度接近原始孔隙度。复地震道分析显示了较好的预测结果，因此可以进行三维区的孔隙度预测。

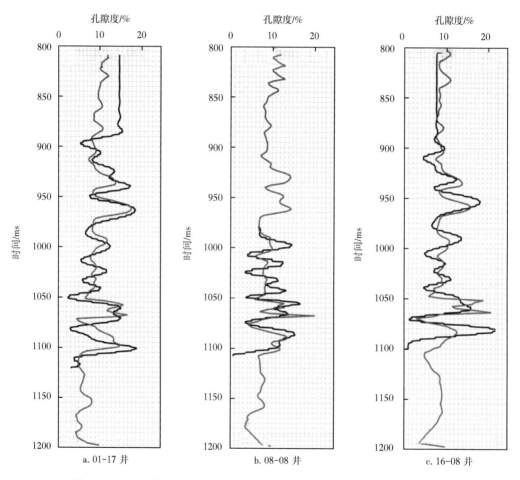

图 7.13　01-17 井、08-08 井和 16-08 井预测孔隙度与实际孔隙度对比图

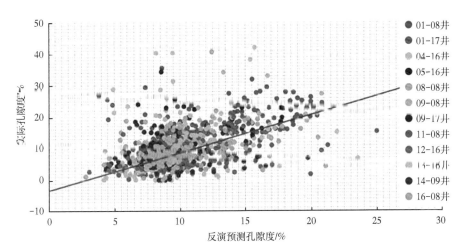

图 7.14　所有 13 口井的预测孔隙度与实际孔隙度交会图

红色实线表示最佳拟合线

现在已经推导出了属性和目标测井曲线之间的关系，可以将分析应用到整个三维体。图 7.15 为主测线 27 线的预测孔隙度剖面。与输入地震剖面相比，预测剖面显示了非常高分辨率的地层图像。反演剖面上的 08-08 井测井孔隙度曲线表明，二者吻合较好。对反演剖面仔细观察后发现，在 1055~1070ms 时间窗口内异常带孔隙度在 0.12~0.15 之间。这种高孔隙度与第 4 章解释的低声波阻抗异常有关，解释认为是海绿石砂岩水道。预测孔隙度的三维体如图 7.16 所示。图中突出了地下各方向的异常带。

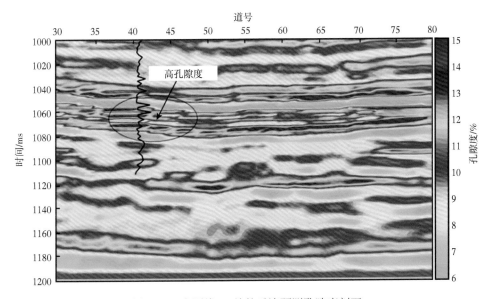

图 7.15　主测线 61 处的反演预测孔隙度剖面

椭圆突出了异常带（高孔隙度）

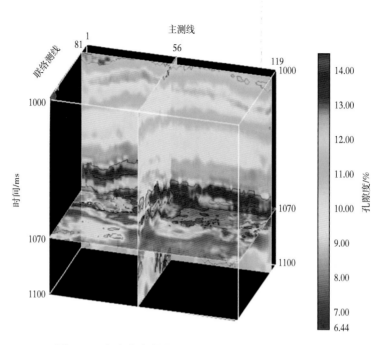

图7.16　加拿大布莱克福特油田的预测孔隙度三维图

三维剖面的优点是可以对异常带进行垂直和水平分析。到目前为止，人们一直在讨论砂岩水道的垂向变化，但现在可以形成一个水道的水平变化图来监测地下特征。图7.17所示为1065ms时间段的切片，显示了地层孔隙度的变化。可以注意到孔隙度的水平变化非常明显，这可以用来分析砂岩水道的细节。此切片用蓝色到粉红色显示了砂岩水道的变化，因此还可以估算出异常带的水平宽度。此外，还可看到砂体是从北东（NE）到西南（SW）方向变化的。由于地震资料显示在等时方向的振幅变化，因此虽然利用上述技术不

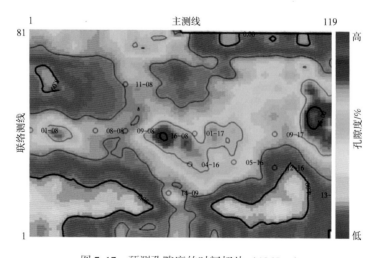

图7.17　预测孔隙度的时间切片（1065ms）

能解释地下岩性，但可以得到井间的岩石物理参数的分布。在本例中，虽然进行了孔隙度预测，但也可以预测渗透率、饱和度、泥砂比、伽马射线等其他岩石物理性质，有助于确定可动烃饱和度、净产层分布等，该技术对勘探开发项目非常有效。

7.5 神经网络技术

到目前为止，本书介绍的预测方法都是线性方法。在目标测井曲线的交会图上拟合一条直线，通过最小化均方误差计算回归线的属性和权重。但是，你可能会认为，一条更人阶数曲线会更好地拟合这些点，而不是拟合一条直线。计算这条曲线有几种选择。一种选择是对其中一个或两个变量应用非线性变换，并将转换后的数据拟合成一条直线（Schultz等，1994）。第二种选择是匹配一个更高阶的多项式。第三种选择是使用神经网络来获取目标测井曲线和属性之间的关系。在地球物理学领域，神经网络技术的应用正越来越普遍（McCormack，1991；Schuelke 等，1997）。

在过去的一个世纪里，神经网络在地球物理学领域中得到了广泛的应用，有效地解决了许多问题。神经网络在过去主要用于地球物理领域的波形识别和初至波拾取（Murat 和 Rudman，1992；McCormack 等，1993）、电磁（Poulton 等，1992）、大地电磁（Zhang 和 Paulson，1997）、地震反演（Röth 和 Tarantola，1994；Langer 等，1996；Macías 等，1998）、横波分离（Dai 和 MacBeth，1994）、测井分析（Huang 等，1996）、道编辑（McCormack 等，1993）、地震反褶积（Wang 和 Mendel，1992；Calderón-Macías 等，1997）、同相轴聚类（Dowla 等，1990；Romeo，1994）及许多其他问题。

神经网络技术有多种类型，但常用的有两种：多层前馈神经网络（MLFN）和概率神经网络（PNN）。这两种方法对数据的应用各有利弊。下面的章节将简要描述这两种方法，并附有实际数据示例。

7.5.1 多层前馈神经网络

在本节中，本书的讨论局限于静态前馈神经网络。因为在此过程中估计的权重固定，并且不随时间变化，所以被称为静态算法。前馈表示输出不会反馈到网络。因此，这种类型的网络不会迭代产生最终解，而是直接将输入信号转换为独立于先前输入的输出。

McCulloch 和 Pitts（1943）构思了数学感知器来模拟生物神经元的行为（图 7.18）。生物神经元主要由三个部分/层组成，一个输入层、一个或多个隐藏层和一个输出层。网络的每一层都由节点组成，并将这些节点相互连接。这些连接表示权重，是生产决策的最终要素，因为它们在 MLFN 的实现中起着非常重要的作用。图 7.18 为 MLFN 的网络架构。输入节点的数量由 MLFN 阶段的特征数量决定，可以使用它们来预测岩石特征（Maurya 和 Singh，2019）。属性的数量由褶积算子过程决定，特定的属性组合要经过测试并与选择的测井属性具有最大相似性（Russell 等，2001；Svozil 等，1997）。

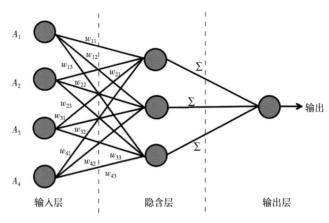

图 7.18　MLFN 网络架构示意图

A_i 表示所需属性，w_{ij} 表示权重

MLF 神经网络是最常见的神经网络，用反向传播的学习算法训练。对于神经元的形式化描述，可以使用所谓的映射函数 Γ，它为每个神经元 i 分配一个子集 $\Gamma(i) \subseteq V$，它由给定神经元的所有祖先组成。一个子集 $\Gamma^{-1}(i) \subseteq V$ 由给定神经元 i 的所有前辈组成。特定层中的每个神经元都与下一层的所有神经元相连。第 i 个和第 j 个神经元之间的联系用权系数 ω_{ij} 表示，第 i 个神经元用阈值系数 v_i 表示。权重系数反映了神经网络中给定连接的重要性程度（Svozil 等，1997）。活动的神经元 x_i 的输出值由下式确定：

$$x_i = f(\psi_i) \tag{7.26}$$

$$\psi_i = v_i + \sum_{j \in \Gamma_i^{-1}} \omega_{ij} x_j \tag{7.27}$$

式中，ψ_i 是第 i 个神经元的势；$f(\psi_i)$ 为传递函数。

阈值系数可以理解为与正式添加的神经元 j 相连接的权重系数，其中 $x_j = 1$。

传递函数可以写为：

$$f(\psi_i) = \frac{1}{1 + \exp(1 - \psi)} \tag{7.28}$$

有监督的自适应过程，通过改变阈值系数 v_i 和权重系数 ω_{ij}，使输出值和期望输出值之间的平方差之和最小（Luo 等，2000）。通过最小化目标函数来实现：

$$E = \sum_p \frac{1}{2} (\boldsymbol{x}_p - \hat{\boldsymbol{x}}_p)^2 \tag{7.29}$$

式中，$\boldsymbol{x}_p$ 和 $\hat{\boldsymbol{x}}_p$ 是由输出神经元所计算的向量和期望输出的向量，求和运算要在所有输出神经元 p 上运行。

7.5.2　MLFN 的训练和泛化

神经网络有两种工作模式：一是训练，二是预测。需要两个信息数据集，即训练集和预测集（测试集）来训练神经网络并实施预测。

训练模式从任意的权值开始，可能是随机数，然后迭代进行。整个训练集的每次完整迭代称为一个 epoch（轮次）。每个轮次网络将按误差减小的方向调整权值。随着增量半差迭代法的进行，权值逐渐收敛到局部最优值集。在训练结束之前，通常需要许多轮次（Svozil 等，1997；Wu 等，1992）。

对于一个特定的训练集，有两种基本方法进行反向传播学习，即 pattern 模式和 batch 模式。在 pattern 模式下的反向传播学习，每个训练都要进行权值更新。采用 batch 模式时，在完成所有训练实例后（即在整个轮次之后）才进行权值更新。从"实时"的角度来看，pattern 模式比 batch 模式更可取，因为它对每个神经元突触的连接所需的本地存储更少。另外，由于 pattern 是随机提供给网络，通过 pattern 更新权值，使得权值空间中的搜索变得更随机，亦使得反向传播算法不大，可能陷入局部极小值。但在另一方面，使用 batch 模式训练则可以估算出更精确的梯度向量。例如，使用 pattern 模式需要实时过程控制，但不是所有的训练都有充足的时间进行控制。总而言之，如何选用这两种训练方法取决于所解决的问题（Russell 等，1997）。

预测模式下，信息在网络中传输，从输入到输出。网络一次处理一个实例，根据输入值产生输出的估计值，由此产生的误差被用来估算训练网络的预测质量。从一个训练集开始进行反向传播学习，并使用反向传播算法就能计算网络的神经元突触的权重（Tonn，2002；Iturraán 和 Parra，2014）。如果网络计算的输入输出关系对于网络实践中从未使用过的输入/输出模型是正确的（或几乎正确的），则称网络具有良好的泛化能力。

泛化不是神经网络的特性，但可以与稳健的非线性输入信息插值进行对比。当学习方法应用过多的迭代时（即神经网络过度训练或过度拟合，过度训练和过度拟合之间没有区别），网络可以记忆训练数据，却减少了可类比的输入—输出模式的生成（Leite 和 Vidal，2011；Mahmood 等，2017）。网络在示例的练习集中提供了几乎理想的结果，但在测试集中却失败了。过度拟合可以与选择了不合适幂次的多项式回归相比较。对于含噪声数据，即使训练的实例比权重多，也可能发生严重的过度拟合。足够大的训练实例集是获得良好泛化的基本条件。此训练集必须能够有代表性，能同时代表期望达到泛化的所有可能情况。有两种方式可实现这种重要情形：插值和外推（Masters，1995；Masri 等，2000；Singh 等，2016）。插值适用于被相邻实际数据或多或少包围的实例；其他的都用外推法。具体地说，超出训练数据的部分用外推法。通常认为插值较为可靠，外推不可靠。因此，充分的训练信息对于防止需要用到外推法至关重要。大量经验已经得到了选择最佳训练集的方法。由于大量的训练数据，一些有效的方法可以避免过度拟合，最终形成泛化（Wu 等，1992）。

7.5.3 MLFN 的应用

本书以加拿大布莱克福特油田为例，旨在加深对 MLFN 方法的理解。与前一个例子一样，MLFN 方法也适用于数据，首先用于合成地震道，然后用于整个三维数据体。为此，从 08-08 井附近提取一个合成地震道，然后应用 MLFN 对其进行孔隙度预测。预测孔隙度和实际孔隙度的比较如图 7.19 所示。从图中可以看出，预测孔隙度与实际孔隙度的趋势相当吻合。平均相关系数估计为 0.59，均方根误差为 4.7。这些值表明，虽然 MLFN 方法的相关性低、误差大，但它足以预测地下岩石性质。因为 MLFN 方法在很大程度上依赖于输入参数，所以该方法并不是总是适用。如果能够选择最佳的输入参数组合，与多属性回归方法相比，该方法可以得到更好的结果。在这个例子中，只是通过分析理解了 MLFN 方法是如何运作的，而不是与其他地质统计学方法进行比较。这些分析是在不同的条件下进行的，并且考虑了不同的输入参数，因此不能彼此进行明确的比较。

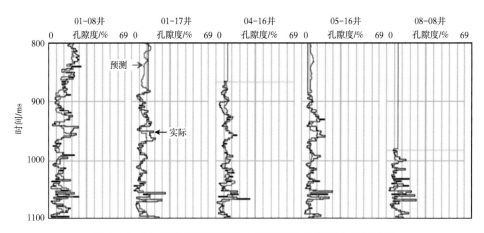

图 7.19 MLFN 法预测孔隙度与实际测井孔隙度曲线对比图

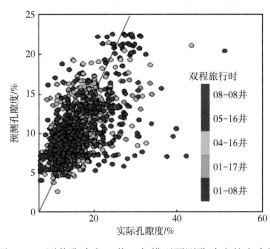

图 7.20 测井孔隙度（井）与模型预测孔隙度的交会图

图 7.20 为预测孔隙度和实际孔隙度的交会图。散点分布表明，预测孔隙度与实际孔隙度接近。

为了分析孔隙度的三维变化，可以对整个地震体进行 MLFN 方法预测。虽然耗时很长，但可以提供地下的详细成像。

图 7.21 为主测线 27 的孔隙度反演预测剖面。反演剖面显示了非常高的地层分辨率。在预测剖面上还绘制了 08-08 井的孔隙度测井曲线。可以

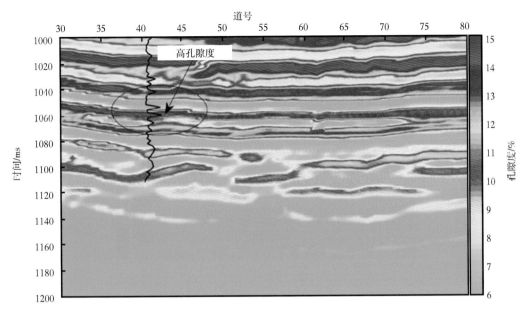

图 7.21　MLFN 方法预测的孔隙度剖面（主测线 27）

异常带用椭圆突出显示

看出，预测的孔隙度和测井孔隙度非常吻合。通过这剖面也可以很容易地识别出地层。孔隙度剖面的解释表明，存在许多孔隙度范围在 0.12～0.15 之间的块体。其中位于 1055～1070ms 之间的一个高孔隙度异常带与测井异常带相一致，认为是含砂体的水道。这种高孔隙度异常与前面讨论过的其他方法预测的低声波阻抗异常和高孔隙度异常有很好的一致性。图 7.22 为预测孔隙度体三维展示图，展示了砂体水道的垂直和水平变化。此外，为了检测砂体水道的水平变化，制作了预测孔隙度体积的 1065ms 时间切片，如图 7.23 所示，

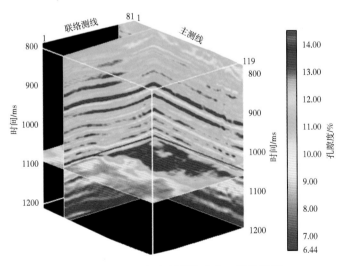

图 7.22　MLFN 方法预测孔隙度三维显视图

以箭头突出显示砂体水道的变化。从图中可以看出，砂体水道呈 NE—SW 向展布，与前文的多属性分析实例中一致。

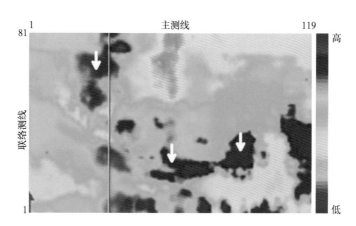

图 7.23　砂体水道（1065ms）的切片（突出显示了水道走向）

7.5.4　概率神经网络（PNN）

概率神经网络是神经网络的另一种形式。事实上，概率神经网络是一种利用神经网络结构实现的数学插值系统。其优点在于，因为存在数学公式可以学习，所以通常比 MLFN 更容易理解（Specht，1990，1991；Masters，1995）。

一般概率神经网络（Specht，1991；Masters，1995）背后的基本理论是使用一个或多个自变量预测因变量的值。用向量 $\boldsymbol{x} = [x_1, x_2, \cdots, x_p]$ 表示自变量，其中 p 是自变量的个数。另一方面，因变量 L 是标量，PNN 采用变量 $x_1, x_2, \cdots, x_p$ 作为输入，y 作为输出。目标是预测未知的因变量。在自变量已知时，则因变量为 $\hat{L}$ 由下面的一般回归概率神经网络的基本方程给出：

$$\hat{L}(\boldsymbol{x}) = \frac{\sum_{i=1}^{n} L_i \exp[-D(x, x_i)]}{\sum_{i=1}^{n} \exp[-D(x, x_i)]} \tag{7.30}$$

其中：

$$D(x, x_i) = \sum_{j=1}^{3} \left(\frac{x_j - x_{ij}}{\sigma_j}\right)^2 \tag{7.31}$$

式中，n 为样品数；$D(x, x_i)$ 是输入点与每一个训练点 x_i 之间的距离。

$D(x, x_i)$ 在属性涵盖的多维空间中测量，用 σ_j 表示，对每个属性都可能不同（Specht，1990）。

式（7.30）和式（7.31）描述了 PNN 的应用，而网络的训练包括确定一组 σ_j 的平滑参数的最佳集合。确定这些参数的标准是在产生的最终网络中具有最小的验证误差

（Leiphart 和 Hart，2001）。第 m 个目标样本的总验证误差定义如下：

$$E_v(\sigma_1, \sigma_2, \sigma_3) = \sum_{i=1}^{N} (L_i - \hat{L}_i)^2 \tag{7.32}$$

这也可以看出，预测误差很大程度上取决于参数 σ_i 的选择。利用非线性共轭梯度算法对平滑参数进行优化，可使验证误差最小。

7.5.5　PNN 的应用

本书给出了一个 PNN 的例子来预测加拿大布莱克福特数据体的孔隙度。PNN 的处理过程与多属性分析基本相同，不同的是属性与测井孔隙度之间建立了非线性关系，而不是线性关系。表 7.2 为多属性实例生成的属性，也可用于 PNN 实例。选取所需属性后，在每个采样点建立非线性关系，用于井间的孔隙度预测。首先，对合成地震道进行预测，结果如图 7.24 所示。在 PNN 分析中，将最大似然反演得到的声波阻抗作为一个属性。所有井的预测曲线都很好地拟合了原始曲线。此外，生成预测孔隙度和原始孔隙度之间的交会图，如图 7.25 所示。散点分布表明，反演孔隙度与实际孔隙度非常接近，相关系数也很明显。PNN 具有较低的预测误差和较低的验证误差。相关系数估计为 0.76，均方根误差为 3.93，说明相关系数和均方根值良好。可见，PNN 预测的测井曲线精度更高。多元回

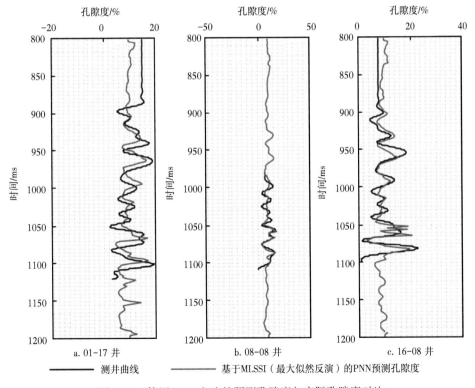

图 7.24　使用 PNN 方法的预测孔隙度与实际孔隙度对比

归分析预测的相关系数为 0.59，而 PNN 预测的相关系数为 0.76。图 7.26 为所有井的预测误差与验证误差的比较。两种误差的变化方式相似，平均值为 3.93。

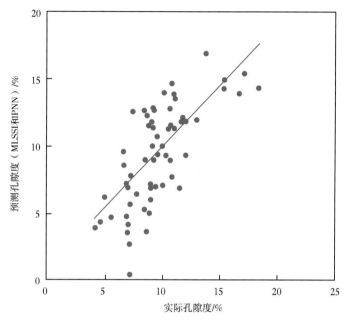

图 7.25　08-07 井实际孔隙度与预测孔隙度交会图

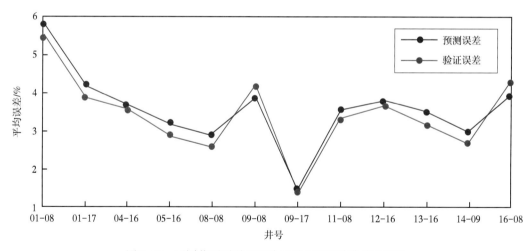

图 7.26　不同井预测误差和验证误差随测井曲线的变化

　　一旦确定了地震属性与孔隙度之间的关系，就将 PNN 应用于数据体。图 7.27 为孔隙度体在主测线 27 线的孔隙度剖面。测井孔隙度曲线也标定在预测孔隙度剖面上，发现两个孔隙度值匹配得很好。这里很容易将砂体水道从孔隙度异常中识别出来。再次注意，通过使用 PNN 获得的分辨率更高。预测孔隙度的三维视图如图 7.28 所示，通过高孔隙度对比，可以观察到砂体水道的三维变化。图 7.29 为砂体水道的孔隙度切片，可以看到砂体水道的水平分布。地震剖面高孔隙度带如图 7.30 所示，突出显示了异常带。通过分析，可以很容易地解释地震剖面，并且可以识别出砂体水道。除此之外，这些剖面还可以用来推导它们之间的相互关系。例如，反演声波阻抗和预测孔隙度剖面可以交会绘制，也可以通过拟合直线或高阶多项式来估计它们之间的关系。这种关系比由井位测井曲线导出的关系更有意义。测井曲线推导的方程仅提供了局部位置的关系，远离钻井位置则该关系无效，而根据剖面得到的关系在该区域内都有效，并能更好地估算地层特性（Maurya 等，2017）。

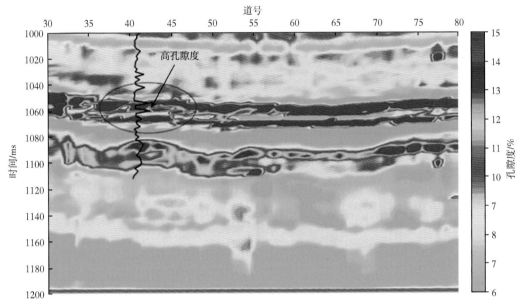

图 7.27　预测孔隙度剖面（主测线 27）

异常带用椭圆形框突出显示

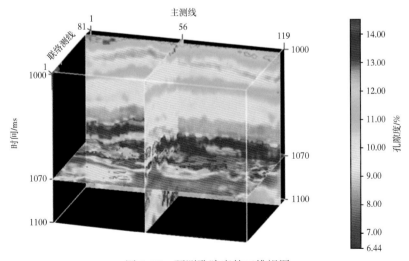

图 7.28　预测孔隙度的三维视图

粉红色区域表示异常区

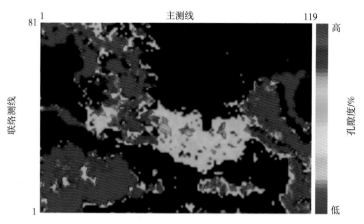

图 7.29　1065ms 处孔隙度（＞10%）切片

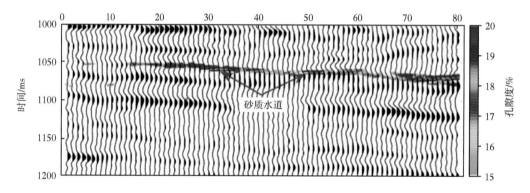

图 7.30　突出显示砂质水道的地震剖面

参 考 文 献

Adeli H, Panakkat A（2009）A probabilistic neural network for earthquake magnitude prediction. Neural Netw 22（7）：1018-1024.

Anderson JK（1996）Limitations of seismic inversion for porosity and pore fluid：lessons from chalk reservoir characterization and exploration. In：SEG technical program expanded abstracts, society of exploration geophysicists, pp 309-312.

Barnes AE（1991）Instantaneous frequency and amplitude at the envelope peak of a constant-phase wavelet. Geophysics 56（7）：1058.

Barnes AE（1993）Instantaneous spectral bandwidth and dominant frequency with applications to seismic reflection data. Geophysics 58（3）：419-428.

Barnes AE（1994）Theory of two-dimensional complex seismic trace analysis. In：SEG technical program expanded abstracts, society of exploration geophysicists, pp 1580-1583.

Bosch M, Mukerji T, Gonzalez EF（2010）Seismic inversion for reservoir properties combining statistical rock physics and geostatistics: a review. Geophysics 75 (5): 75A165–75A176.

Brown AR (1996) Seismic attributes and their classification. Lead Edge 15 (10): 1090.

Calderón–Macías C, SenMK, Stoffa PL (1997) Hopfield neural networks, andmean–field annealing for seismic deconvolution and multiple attenuations. Geophysics 62 (3): 992–1002.

Chambers RL, Yarus JM (2002) Quantitative use of seismic attributes for reservoir characterization. CSEG Recorder 27 (6): 14–25.

Chiles J (1988) Fractal and geostatistical methods for modeling of a fracture network. Math Geol 20 (6): 631–654.

Chopra S, Marfurt KJ (2005) Seismic attributes—a historical perspective. Geophysics 70 (5): 3SO–28SO.

Chopra S, Marfurt KJ (2007) Seismic attributes for prospect identification and reservoir characterization. Society of Exploration Geophysicists and European Association of Geoscientists and Engineers.

Cohen L, Lee C (1990) Instantaneous bandwidth for signals and spectrograms. In: International conference on acoustics, speech, and signal processing, IEEE, pp 2451–2454.

Dai H, MacBeth C (1994) Split shear–wave analysis using an artificial neural network. The first Break 12 (12): 605–613.

Dowla FU, Taylor SR, Anderson RW (1990) Seismic discrimination with artificial neural networks: preliminary results with regional spectral data. Bull Seismol Soc Am 80 (5): 1346–1373.

Doyen PM (1988) Porosity from seismic data: a geostatistical approach. Geophysics 53 (10): 1263–1275.

Draper N, Smith H (1966) Applied regression analysis. Wiley, New York DubruleO (2003) Geostatistics for seismic data integration inEarth models. Distinguished instructor short course. Number 6. SEG Books.

Eskandari H, Rezaee MR, MohammadniaM (2004) Application ofmultiple regression and artificial neural network techniques to predict shear wave velocity from well log data for a carbonate reservoir, south–west Iran. CSEG Recorder 29 (7): 42–48.

Haas A, Dubrule O (1994) Geostatistical inversion– a sequential method of stochastic reservoir modeling constrained by seismic data. First Break 12 (11): 561–569.

Hampson D, Todorov T, Russell B (2000) Using multi–attribute transforms to predict log properties from seismic data. Explor Geophys 31 (3): 481–487.

Hampson DP, Schuelke JS, Quirein JA (2001) Use of multiattribute transforms to predict log properties from seismic data. Geophysics 66 (1): 220–236.

Huang Z, Shimeld J, WilliamsonM, Katsube J (1996) Permeability prediction with artificial neural network modeling in the Venture gas field, offshore eastern Canada. Geophysics 61 (2): 422-436.

Iturrarán VU, Parra JO (2014) Artificial neural networks applied to estimate permeability, porosity and intrinsic attenuation using seismic attributes and well-log data. J Appl Geophys 107: 45-54.

Jones TA, Helwick SJ (1998) Method of generating 3-d geologic models incorporating geologic and geophysical constraints. US Patent 5: 634-838.

Langer H, Nunnari G, Occhipinti L (1996) Estimation of seismic waveform governing parameters with neural networks. J Geophys Res Solid Earth 101 (B9): 20109-20118.

Leiphart DJ, Hart BS (2001) Comparison of linear regression and a probabilistic neural network to predict porosity from 3-D seismic attributes in Lower Brushy Canyon channeled sandstones, southeast New Mexico. Geophysics 66 (5): 1349-1358.

Leite EP, Vidal AC (2011) 3D porosity prediction from seismic inversion and neural networks. Comput Geosci 37 (8): 1174-1180.

Lindseth RO (1979) Synthetic sonic logs a process for stratigraphic interpretation. Geophysics 44 (1): 3-26.

Luo X, Patton AD, Singh C (2000) Real power transfer capability calculations using multi-layer feed-forward neural networks. IEEE Trans Power Syst 15 (2): 903-908.

Macías D, Pérez-Pomares JM, García-Garrido L, Carmona R, Muñoz-Chápuli R (1998) Immunoreactivity of the ETS-1 transcription factor correlates with areas of epithelial-mesenchymal transition in the developing avian heart. Anat Embryol, 198 (4): 307-315.

Mahmood MF, Shakir U, Abuzar MK, Khan MA, Khattak N, Hussain HS, Tahir AR (2017) A probabilistic neural network approach for porosity prediction in the Balkassar area: a case study. Journal of Himalayan Earth Science 50: 1.

Masri S, Smyth A, Chassiakos A, Caughey T, Hunter N (2000) Application of neural networks for the detection of changes in nonlinear systems. J Eng Mech 126 (7): 666-676.

Masters T (1995) Advanced algorithms for neural networks: a C++ sourcebook. Wiley, Hoboken.

Maurya SP, Singh NP (2018) Comparing pre-and post-stack seismic inversion methods-a case study from Scotian Shelf, Canada. J Ind Geophys Union 22 (6): 585-597.

Maurya SP, Singh KH (2019) Predicting porosity by multivariate regression and probabilistic neural network using model-based and colored inversion as external attributes: a quantitative comparison. J Geol Soc India 93 (2): 207-212.

Maurya SP，Singh KH，Singh NP（2019）Qualitative and quantitative comparison of geostatistical techniques of porosity prediction from the seismic and logging data: a case study from the Blackfoot Field，Alberta，Canada. Mar Geophys Res 40（1）: 51-71.

Maurya SP，Singh KH，Kumar A，Singh NP（2017）Reservoir characterization using post-stack seismic inversion techniques based on a real coded genetic algorithm. J Geophys 39（2）: 95-103.

McCormack MD（1991）Neural computing in geophysics. Lead Edge 10（1）: 11-15.

McCormack MD，Zaucha DE，Dushek DW（1993）First-break refraction event picking and seismic data-trace editing using neural networks. Geophysics 58（1）: 67-78.

McCulloch WS，Pitts W（1943）A logical calculus of the ideas immanent in nervous activity. Bull Math Biophys 5（4）: 115-133.

Murat ME，Rudman AJ（1992）Automated first arrival picking: a neural network approach 1. Geophys Prospect 40（6）: 587-604.

Poulton MM，Sternberg BK，Glass CE（1992）Location of subsurface targets in geophysical data using neural networks. Geophysics 57（12）: 1534-1544.

Pramanik AG et al（2004）Estimation of effective porosity using geostatistics and multi-attribute transforms a case study. SEG 69（2）: 352-372.

RomeoG（1994）Seismic signals detection and classification using artificial neural networks. Annals of Geophysics 37: 3.

Röth G，Tarantola A（1994）Neural networks and inversion of seismic data. J Geophys Res Solid Earth 99（B4）: 6753-6768.

Russell B，Hampson D，Schuelke J，Quirein J（1997）Multiattribute seismic analysis. Lead Edge 16（10）: 1439-1444.

Russell SA，Reasoner C，Lay T，Revenaugh J（2001）Coexisting shear- and compressionalwave seismic velocity discontinuities beneath the central Pacific. Geophysical Research Letters 28（11）: 2281-2284.

Schuelke JS，Quirein JA，Sag JF，Altany DA，Hunt PE（1997）Reservoir architecture and porosity distribution，Pegasus field，West Texas—an integrated sequence stratigraphic-seismic attribute study using neural networks. In SEG technical program expanded abstracts，society of exploration geophysicists，pp 668-671.

Schultz PS，Ronen S，Hattori M，Corbett C（1994）Seismic-guided estimation of log properties（Part 1: a data-driven interpretation methodology）. Lead Edge 13（5）: 305-310.

Singh S，Kanli AI，Sevgen S（2016）A general approach for porosity estimation using artificial neural network method: a case study from Kansas gas field. Stud Geophys Geod 60（1）: 130-140.

Soubotcheva N, Stewart RR (2004) Predicting porosity logs from seismic attributes using geostatistics. CREWES Research Report-Volume 1: 1-4.

Specht DF (1990) Probabilistic neural networks. Neural Netw 3 (1): 109-118.

Specht DF (1991) A general regression neural network. IEEE Trans Neural Netw 2 (6): 568-576.

Svozil D, KvasnickaV, Pospichal J (1997) Introduction tomulti-layer feed-forward neural networks. Chemometr Intell Lab Syst 39 (1): 43-62.

Swisi, A. A., 2009. Post-and Pre-stack attributes analysis and inversion of Blackfoot 3Dseismic dataset, Doctoral dissertation, University of Saskatchewan.

Taner MT (2001) Seismic attributes. CSEG recorder 26 (7): 49-56.

Taner MT, Koehler F, Sheriff RE (1979) Complex seismic trace analysis. Geophysics 44 (6): 1041-1063.

TanerMT, Schuelke JS, O'DohertyR, BaysalE (1994) Seismic attributes revisited. In: SEG-technical program expanded abstracts, society of exploration geophysicists, pp 1104-1106.

Taner MT, ODoherty R, Schuelke JS, Baysal E (1994) Seismic attributes revisited. Society of Exploration Geophysicists, Tulsa, OK (United States).

Todorov TI (2000) Integration of 3C-3D seismic data and well logs for rock property estimation. The University of Calgary.

Tonn R (2002) Neural network seismic reservoir characterization in a heavy oil reservoir. Lead Edge 21 (3): 309-312.

Torres-Verdin C, Victoria M, Merletti G, Pendrel J (1999) Trace-based and geostatistical inversion of 3-D seismic data for thin-sand delineation: an application in San Jorge Basin, Argentina. Lead Edge 18 (9): 1070-1077.

Wang LX, Mendel JM (1992) Adaptive minimum prediction-error deconvolution and sourcewavelet estimation using Hopfield neural networks. Geophysics 57 (5): 670-679.

Wu X, Ghaboussi J, Garrett JH Jr (1992) Use of neural networks in the detection of structural damage. Comput Struct 42 (4): 649-659.

ZhangY, Paulson KV (1997) Magnetotelluric inversion using regularized Hopfield neural networks. Geophys Prospect 45 (5): 725-743.